高效饲养新技术彩色图说系列

Gaoxiao siyang xinjishu caise tushuo xilie

图说如何安全高效
饲养蛋鸡

李　沁　主编

U0313296

中国农业出版社

本书有关用药的声明

兽医科学是一门不断发展的学问。用药安全注意事项必须遵守，但随着最新研究及临床经验的发展，知识也不断更新，治疗方法及用药也必须或有必要做相应的调整。建议读者在使用每一种药物之前，参阅厂家提供的产品说明以确认推荐的药物用量、用药方法、用药的时间及禁忌等。医生有责任根据经验和对患病动物的了解决定用药量及选择最佳治疗方案。出版社和作者对任何在治疗中所发生的，对患病动物和/或财产所造成的损害不承担任何责任。

中国农业出版社

序

当前，制约我国现代畜牧业发展的瓶颈很多，尤其是2013年10月国务院发布《畜禽规模养殖污染防治条例》后，新常态下我国畜牧业发展的外部环境和内在因素都发生了深刻变化，正从规模速度型增长转向提质增效型集约增长，要准确把握畜牧业技术未来发展趋势，实现在新常态下畜牧业的稳定持续发展，就必须有科学知识的引领和指导，必须有具体技术的支撑和促动。

为更好地为发展适度规模的养殖业提供技术需要，应对养殖场（户）在饲养方式、品种结构、饲料原料上的多元需求，并尽快理解和掌握相关技术，我们组织兼具学术水平、实践能力和写作能力的有关技术人员共同编写了《高效饲养新技术彩色图说系列》丛书。这套丛书针对中小规模养殖场（户），每种书都以图片加文字流程表达的方式，具体介绍了在生产实际中成熟、实用的养殖技术，全面介绍各种动物在养殖过程中的饲养管理技术、饲草料配制技术、疫病防治技术、养殖场建设技术、产品加工技术、标准的制定及规范等内容。以期达到用简明通俗的形式，推广科学、高效和标准化养殖方式的目的，使规模养殖场（户）饲养人员对所介绍的技术看得懂、能复制、可推广。

《高效饲养新技术彩色图说系列》丛书既适用于中小规模养殖场（户）饲养人员使用，也可作为畜牧业从业人员上岗培训、转岗培训和农村劳动力转移就业培训的基本教材。希望这套丛书的出版，能对全国流转农村土地经营权、规范养殖业经营生产、提高畜牧业发展整体水平起到积极的作用。

丛书编委会

前　言

　　我国素有养殖蛋鸡的传统，特别是改革开放以来，随着蛋鸡新品种、新技术、新设备、新工艺的引进，我国蛋鸡产业已经逐步发展成为养殖规模和鸡蛋产量位居世界第一的重要支柱产业。但是，我们也要清醒地认识到，与蛋鸡产业发达国家相比，我国蛋鸡产业在诸多方面仍存在较大的差距，也存在着一些比较突出的问题，其中，中、小规模养殖场(户)的知识水平、专业技能和整体素质严重滞后，全行业面临实际应用型人才短缺的问题。为了迅速提高养殖场(户)饲养技术人员的素质，使其知识结构与我国蛋鸡产业快速发展的形势相适应，只有培养和增强其科学文化素养、激活其内在潜力才是正途。基于这种理念，我们组织具有一定理论基础、又有多年实际生产经验的一线推广专家编写了《图说如何安全高效饲养蛋鸡》。

　　本书内容新颖，图文并茂，技术介绍深入浅出，操作流程以大量直观实用的图片进行说明，从品种介绍、鸡场的建设要求、蛋鸡各阶段饲养新技术、日粮配制、疫病防治等方面详细阐述了蛋鸡养殖的主要内容，是蛋鸡养殖者一本较好的自学书籍。

编　者

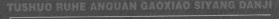

蛋鸡

第一章　蛋鸡主要品种

一、蛋鸡品种的特点

蛋鸡的品种很多，世界上有400多个品种，但目前流传下来用于育种的已经很少，主要有白来航鸡、白洛克鸡、洛岛红鸡、新汉夏鸡、芦花洛克鸡等。2006年出版的由陈国宏、王克华、王金玉等编写的《中国禽类遗传资源》一书，共介绍了11个引进蛋用型鸡品种（品系），29个引进蛋用型鸡配套系，108个我国地方原始地方鸡品种，19个国内培育品种（品系），19个国内培育的蛋鸡配套系。

（一）白壳蛋鸡

白壳蛋鸡主要是以白来航鸡为基础育成的，它在世界范围内饲养量多，分布广。主要特点是体型小，耗料少，开产早，产蛋量高，饲料报酬高，饲养密度大，效益好，适应性强，最适宜集约化笼养管理。主要问题是蛋重小，蛋皮薄，抗应激性差，啄癖多，损耗较高（图1-1）。

图1-1　白壳蛋

（二）褐壳蛋鸡

褐壳蛋鸡是由肉蛋兼用型鸡发展到蛋用型的，而且随着育种技术

1

图1-2 褐壳蛋

的发展，褐壳蛋鸡的产蛋量有了很大的提高，加之消费者的喜爱，褐壳蛋鸡在世界范围内增长较快。它的优点是蛋重大，破损率低，便于运输；鸡的性情温驯，对应激的敏感性低；鸡啄癖少，死亡率低，好管理，多品系配套鸡可羽色自别雌雄。主要不足是体重较大，耗料高，占笼面积大，耐热性差；对饲养技术的要求比白壳蛋鸡高，鸡蛋中血斑、肉斑率高（图1-2）。

（三）粉壳蛋鸡

我国地方品种鸡产的蛋多为粉壳蛋。近年来，许多育种公司用白壳蛋鸡和褐壳蛋鸡杂交选育粉壳蛋鸡，粉壳蛋鸡最显著的特点是能表现出较强的褐壳蛋与白壳蛋的杂交优势，成活率高，产蛋多，饲料报酬高。但生产性能不稳定（图1-3A、B）。

图1-3A 粉壳蛋

图1-3B 粉壳蛋

（四）绿壳蛋鸡

绿壳蛋鸡源自我国部分原始地方鸡品种。蛋壳绿色，蛋白浓厚，蛋黄呈橘黄色，含有大量的卵磷脂和维生素A、维生素B、维生素E及微量元素碘、锌、硒。绿壳蛋鸡性情温和，喜群居，抗病力强，适应性广，主食五谷杂粮，喜食青草、青菜、嫩树叶，母鸡年产蛋量160～190枚，孵化率、成活率可达90%，70日龄可达1千克。绿壳蛋鸡具有生长速度快、肉质优、高价值、高产、节粮等优点（图1-4）。

图1-4　绿壳蛋

二、主要蛋鸡品种

（一）引进蛋鸡品种（品系）

1.白壳蛋鸡

（1）海兰白蛋鸡　海兰白蛋鸡配套系由美国海兰国际公司培育，有W98、W36两个系。雏鸡羽速自别雌雄，成年商品蛋鸡羽毛纯白，产白壳蛋。

1）W98商品鸡　18周龄平均体重1 320克，1～18周龄耗料5.99千克/只；平均144日龄开产，高峰产蛋率93%～95%；80周龄入舍母鸡平均产蛋20.9千克，平均蛋重60克；产蛋期平均日耗料102克/只，料蛋比2.10：1。

2）W36商品鸡　18周龄平均体重1 280克，1～18周龄耗料5.66千克/只；平均148日龄开产，高峰产蛋率89%～94%；80周龄入舍母鸡平均产蛋20.5千克，平均蛋重63克；产蛋期平均日耗料101克/只，料蛋比2.16：1（图1-5）。

图1-5　海兰白蛋鸡

（2）海赛克斯白蛋鸡　海赛克斯白蛋鸡配套系由荷兰汉德克家禽育种有限公司培育。雏鸡羽速自别雌雄，成年商品蛋鸡羽毛纯白，产白壳蛋。17周龄平均体重1 120克，1～17周龄耗料5.1千克/只；平均145日龄开产；78周龄入舍母鸡平均产蛋338枚，总蛋重20.5千克，平均蛋重61克，平均体重1 700克；18～78周龄料蛋比2.07：1（图1-6）。

（3）罗曼白蛋鸡　罗曼白蛋鸡配套系由德国罗曼家禽育种有限公司

培育。雏鸡羽速自别雌雄，成年商品蛋鸡羽毛纯白，产白壳蛋。20周龄平均体重1 300～1 400克，1～20周龄耗料7.0～7.5千克/只；平均148～154日龄开产；61周龄入舍母鸡平均产蛋335～345枚，总蛋重21.0～22.0千克，平均蛋重63～64克，平均体重1 700～1 900克；产蛋期平均日耗料110～118克/只，料蛋比2.1～2.3：1(图1-7)。

图1-6　海赛克斯白蛋鸡

图1-7　罗曼白蛋鸡

2. 褐壳蛋鸡

（1）海赛克斯褐蛋鸡　海赛克斯褐蛋鸡配套系由荷兰汉德克家禽育种有限公司培育。雏鸡羽色自别雌雄，成年商品蛋鸡羽毛深褐色，产褐壳蛋。18周龄平均体重1 510克，1～18周龄耗料6.2千克/只；平均140日龄开产；76周龄入舍母鸡平均产蛋330枚，总蛋重20.8千克，平均蛋重63克，平均体重2 060克；产蛋期平均日耗料112克/只，料蛋比2.11：1（图1-8）。

（2）迪卡褐蛋鸡　迪卡褐蛋鸡配套系由荷兰汉德克家禽育种有限公司培育。雏鸡羽色自别雌雄，成年商品蛋鸡羽毛褐色，产褐壳蛋。18周龄平均体重1 500克，1～18周龄耗料6.5千克/只；平均154～168日龄开产；78周龄入舍母鸡平均产蛋295～320枚，平均蛋重64克，平均体重2 000克；产蛋期平均日耗料112～120克/只，料蛋比2.31～2.46：1（图1-9）。

图1-8 海赛克斯褐蛋鸡

图1-9 迪卡褐蛋鸡

（3）**海兰褐蛋鸡** 海兰褐蛋鸡配套系由美国海兰国际公司培育。雏鸡羽色自别雌雄，成年商品蛋鸡羽毛外红内白，产褐壳蛋。18周龄平均体重1 550克，1～18周龄耗料5.7～6.7千克/只；平均149日龄开产，高峰产蛋率94%～96%；80周龄入舍母鸡平均产蛋334枚，总蛋重22.5千克；70周龄平均蛋重67克，平均体重2 250克；21～80周龄料蛋比2.11∶1（图1-10）。

3.**粉壳蛋鸡**

（1）**海兰灰蛋鸡** 海兰灰蛋鸡配套系由美国海兰国际公司培育。成年商品蛋鸡羽毛为灰白至红色，产粉壳蛋。18周龄平均体重1 450克，1～18周龄耗料6.1千克/只；平均151日龄开产，高峰产蛋率94%；74周龄入舍母鸡平均产蛋305枚，总蛋重19.2千克；70周龄平均蛋重62克，平均体重1 980克（图1-11）。

图1-10 海兰褐蛋鸡

（2）**罗曼粉蛋鸡** 罗曼粉蛋鸡配套系由德国罗曼家禽育种有限公司培育。成年商品蛋鸡产粉壳蛋（浅黄色）。20周龄平均体重1 400～1 500克，1～20周龄耗料7.3～7.8千克/只；平均140～150日龄开产；72周龄入舍母鸡平均产蛋300～310枚，总蛋重19.0～20.0千克，平均蛋重63～64克，平均体重1 800～2 000克；产蛋期平均日耗料110～118克/只，料蛋比2.1～2.2：1(图1-12)。

图1-11 海兰灰蛋鸡

（3）**尼克粉蛋鸡** 尼克粉蛋鸡配套系由德国罗曼家禽育种有限公司尼克子公司培育。成年商品蛋鸡产粉壳蛋。18周龄平均体重1 460～1 500克，1～18周龄耗料5.8～6.2千克/只；平均154日龄开产；76周龄入舍母鸡平均产蛋315～320枚，总蛋重19.5～20.8千克，平均蛋重60～63克，平均体重1 950克；产蛋期平均日耗料101～115克/只，料蛋比2.1～2.3：1（图1-13）。

图1-12 罗曼粉蛋鸡

图1-13 尼克粉蛋鸡

图1-5至图1-13引自陈国宏等主编的《中国禽类遗传资源》

（二）地方品种

1.边鸡 又称右玉边鸡。肉蛋兼用型。主产于山西省右玉县，分布于五寨、平鲁、偏关、神池、左云等地，以及与山西毗邻的内蒙古乌兰察布盟的凉城、和林、丰镇、兴和等地。

边鸡体型较大，胸背深宽。母鸡羽色以黄麻为主，有黑色、白色、褐麻色；公鸡羽毛金黄色，尾羽黑色。冠中等高，有单冠、玫瑰冠等。胫青色或粉红色，以青色居多。

山西省农业科学院畜牧兽医研究所2007年开始对该品种进行保护性家系纯繁选育，经过连续多年多个世代的选育，现已形成5个具有不同外貌特征的品系，各品系生产性能基本稳定。各品系母鸡平均160～180日龄开产，平均年产蛋120～140枚，平均蛋重60克。蛋壳褐色。公鸡性成熟期110～130天。20周龄公鸡重2 000克，母鸡重1 350克；成年公鸡重2 500～3 000克，母鸡重2 000克（图1-14A、图1-14B，图1-15，图1-16A、图1-16B，图1-17A、图1-17B，图1-18）。

图1-14A 白羽单冠（公）

图1-14B 白羽单冠（母）

图1-15 白羽复冠

图1-16A 黑羽单冠（公）

图1-16B 黑羽单冠（母）

图1-17A 麻羽单冠（公）

图1-17B 麻羽单冠（母）

图1-18 麻羽复冠

2.北京油鸡　肉蛋兼用型。原产地在北京城北侧安定门和德胜门的近郊一带，其邻近地区海淀、清河等也有一定数量的分布。

北京油鸡体型中等。羽色有赤褐色和黄色。母鸡头、尾微翘，胫部略短，体态敦实。公鸡羽色鲜艳光亮，头部高昂，尾羽多呈黑色。单冠，冠小而薄，在冠的前端常形成一个小的S状褶曲。公母鸡均有冠羽、胫羽和髯羽，个别兼有趾羽。母鸡平均210日龄开产，年产蛋110枚，平均蛋重56克。蛋壳褐色、浅紫色。公鸡性成熟期60～90天。140日龄公鸡重1 500克，母鸡重1 200克；成年公鸡重2 049克，母鸡重1 730克（图1-19）。

图1-19　北京油鸡

3.河北柴鸡　肉蛋兼用型。分布于河北省各地，主产于太行山沿线的保定、石家庄、邢台、邯郸。

河北柴鸡体型矮小，体细长，结构匀称，羽毛紧凑，骨骼纤细。母鸡以麻色、狸色为主，还有黑、芦花、浅黄等色。公鸡羽色以"红翎公鸡"最多，有深色和浅色。冠型以单冠为主，有少数豆冠、玫瑰冠。胫呈铅色或苍白色，少数为绿色或黄色。

图1-20　河北柴鸡

母鸡平均198日龄开产，年产蛋100枚，高者达200枚，平均蛋重43克。蛋壳浅褐色。公鸡性成熟期80～120天。成年公鸡重1 650克，母鸡重1 230克（图1-20）。

4.汶上芦花鸡　俗称芦花鸡，蛋肉兼用型。原产于山东省汶上县，分布于该县及与之相邻的一些县、市。

汉上芦花鸡体型呈元宝状，颈部挺直，前躯稍窄，背长而平直，后躯宽而丰满，胫较长，尾羽高翘。母鸡头部和颈羽边缘镶嵌橘红色或黄色，羽毛紧密，清秀美观。公鸡颈羽和鞍羽多呈红色，尾羽呈黑色且带有绿色光泽。冠以单冠为主，有少数胡桃冠、玫瑰冠、豆冠。皮肤白色。胫、趾以白色居多，也有花色、黄色或青色。

图1-21　汉上芦花鸡

母鸡平均165日龄开产，年产蛋190枚，高者达250枚，平均蛋重45克。蛋壳浅褐色。公鸡性成熟期150～180天。120日龄公鸡重1180克，母鸡重920克；成年公鸡重1400克，母鸡重1260克（图1-21）。

5.固始鸡　蛋肉兼用型。原产于河南省固始县。主要分布于淮河流域以南、大别山山脉北麓的固始、商城、新县、光山、息县、潢川、罗山、信阳、淮滨等地，安徽省霍邱、金寨等地也有分布。固始鸡体型中等，体躯呈三角形，外观清秀灵活，结构匀称，羽毛丰满，尾型独特。母鸡羽毛以麻黄色为主，黑色、白色较少。公鸡羽毛呈深红色和黄色，少数黑色和白色，镰羽多带黑色而富青铜光泽。冠型有单冠、豆冠，单冠居多。胫青色。

母鸡平均205日龄开产，年产蛋141枚，平均蛋重51克。公鸡性成熟期110天。180日龄公鸡重1270克，母鸡重967克；成年公鸡重2470克，母鸡重1780克。公母鸡可利用年限1～2年。

自1998年起，河南省三高集团利用固始当地资

图1-22　固始鸡

源组建基础群，采用家系选育和家系内选择开展系统育种工作，形成了多个各具特色的品系（图1-22）。

6.文昌鸡 肉蛋兼用型。主产于海南省文昌市，分布于海南省境内及广东省湛江等地。

文昌鸡羽色有黄色、白色、黑色和芦花等。体型前小后大，呈楔形，体躯紧凑，颈长短适中，胸宽，背腰宽短，结构匀称。单冠，冠齿6～8个。皮肤米黄色，胫、趾短细，胫前宽后窄，呈三角形，胫、趾淡黄色。

母鸡平均145日龄开产，68周龄产蛋100～132枚，平均蛋重49克。蛋壳浅褐色或乳白色。120日龄公鸡重1500克，母鸡重1300克；成年公鸡重1800克，母鸡重1500克。公鸡利用年限1～2年，母鸡2～3年（图1-23至图1-25）。

图1-23 文昌鸡（芦花）

图1-25 文昌鸡（白羽）

图1-24 文昌鸡（黄羽）

7.麻城绿壳蛋鸡 蛋肉兼用型。主产于湖北省麻城市各乡镇，尤以西张店、顺河集一带居多。是大别山区自然形成的、以产绿壳蛋为特点的地方优良鸡种。

麻城绿壳蛋鸡体型较小，羽毛紧凑，外貌清秀，性情活泼，善于觅食，胆小。母鸡羽毛有黄麻色、黑麻色、黑色等。公鸡肩背羽毛大多为金黄色，翅羽多为黑色。单冠。喙、胫有黄色和青色两种。

母鸡平均223日龄开产，年产蛋153枚，平均蛋重45克。蛋壳绿色。公鸡性成熟期85～110天。120日龄公鸡重735克，母鸡重676克；180日龄公鸡重1 117克，母鸡重996克。公母鸡利用年限1～2年(图1-26、图1-27)。

图1-26 麻城绿壳蛋鸡黄麻羽

图1-27 麻城绿壳蛋鸡黑羽

（三）培育品种（品系）

近年来，我国家禽育种工作者不断努力，与企业牵手，利用国内丰富的地方家禽品种资源，导入引进品种的优良特性，培育出许多符合市场需求的新品种（品系），其中有相当一部分已通过国家级或省、部级鉴定。

1.农大3号节粮小型蛋鸡 农大3号节粮小型蛋鸡是由中国农业大学培育的优良蛋鸡配套系，分农大褐和农大粉两个品系。该鸡获1998年农业部科技进步二等奖，获1999年国家科技进步二等奖。

农大褐商品蛋鸡120日龄平均体重1 250克，1～120日龄每只耗料5.7千克，成活率97%；150～156日龄开产，高峰产蛋率93%；72周龄入舍母鸡平均产蛋275枚，总蛋重15.7～16.4千克，平均蛋重55～58克；产蛋期平均日耗料88克/只，料蛋比（2.0～2.1）：1，产蛋期成活率96%。

农大粉商品蛋鸡120日龄平均体重1 200克,1～120日龄耗料5.5千克/只,成活率96%;148～153日龄开产,高峰产蛋率94%;72周龄入舍母鸡平均产蛋278枚,总蛋重15.6～16.7千克,

图1-28　农大3号

蛋重55～58克;产蛋期平均日耗料87克/只,料蛋比(2.0～2.1):1,产蛋期成活率96%(图1-28)。

图1-29　京白989

2.京白989蛋鸡　京白989商品蛋鸡18周龄平均体重1 340克,1～18周龄耗料7.2千克/只,成活率96%～98%;140～145日龄开产,高峰期产蛋率94%～96%;76周龄入舍母鸡产蛋308～310枚,总蛋重18.8～19.2千克,平均蛋重61～62克;21～76周龄料蛋比2.14:1,成活率94%～95%(图1-29)。

3.新杨粉壳蛋鸡　蛋粉壳,20周龄平均体重1 450克,1～20周龄成活率95%～97%;147～154日龄开产,高峰期产蛋率95%;72周龄入舍母鸡产蛋298枚,总蛋重18.7～19.5千克,平均蛋重63克,平均体重1 850克;21～72周龄日耗料110～115克/只,料蛋比(2.1～2.2):1(图1-30)。

4.三凰青壳蛋鸡　三凰青壳蛋鸡是中国农业科学院家禽研究所培育的青壳蛋鸡配套系。商品蛋鸡22周龄体重1 200～1 250克,1～18周龄耗料6.5～7.0千克/只,成活率98%以上;平均161日龄开产,27～28周龄达产蛋高峰期,高峰期产蛋率85%;72周龄入舍母鸡产蛋220～230枚,平均蛋重50克,19～72周龄日耗料95～100克/只,成活率95%以上(图1-31)。

图1-30　新杨粉壳蛋鸡

图1-31　三凰青壳蛋鸡

图1-19～图1-31引自陈国宏等主编的《中国禽类遗传资源》

三、如何选购蛋雏鸡

（一）品种选择

优良的品种是提高养鸡生产水平的根本，所以选择好品种至关重要。选择优良品种时，要根据实际条件和市场需求进行选择。

1.优良蛋鸡品种应具备的特征

（1）具有很高的产蛋性能　年平均产蛋率达75%～80%，平均每只入舍母鸡年产蛋16～18千克。如果是特色品种，应有突出的独特优势（图1-32）。

（2）有很强的适应性、抗应激能力和抗病力　育雏成活率、育成率和产蛋期存活率都能达到较高水平（图1-33）。

图1-32　优良蛋鸡品种应具
有较高的产蛋性能

图1-33　优良蛋鸡品种的适应力强，育雏、育成率高

（3）**鸡群整齐度好**　体质强健，体力充沛，反应灵敏、性情活泼，能维持久的高产时间（图1-34）。

（4）**蛋壳质量好**　即使在产蛋后期和夏季仍然保持较低的破蛋率（图1-35）。

图1-34　鸡群整齐度高，健壮能维持久的产蛋期

图1-35　优良蛋鸡品种的鸡蛋蛋壳质量好，破损率低

2.优良蛋鸡品种选择的依据

（1）根据市场需求确定饲养的蛋鸡品种，由于我国南北方消费者的消费心理不同，南方消费者比北方消费者更偏爱褐壳鸡蛋，北方消费者则偏重于白壳鸡蛋。目前，全国市场绿壳蛋、粉壳蛋价格较高。

（2）自然条件比较恶劣，饲养经验不足的农户，应该首选抗病力和抗应激能力比较强的鸡种（图1-36）。

（3）鸡舍设计合理，鸡舍控制环境能力较强，有一定饲养经验的农户，可以首选产蛋性状突出的鸡种（图1-37）。

图1-36　自然条件差的，可选择抵抗力强的品种

图1-37　环境控制力强的，可首选产蛋性状突出的鸡种

15

（4）在鸡蛋以个计价销售和喜好小鸡蛋的地区，养殖户可以养体型小、蛋重小的鸡种。在鸡蛋以重量计价销售的地区与喜欢大鸡蛋的地区，养殖户可以养蛋重大的鸡种。

（5）天气炎热的地方应饲养体型较小、抗热能力强的鸡种；寒冷地带应饲养体重稍大、抗寒能力强的鸡种。

（二）引种场家的选择

无论选购什么类型的鸡种，必须在有《种畜禽生产经营许可证》、规模较大、经验丰富、技术力量强、没发生严重疫情、信誉度高的种鸡场购买雏鸡。这些种鸡场种鸡来源清楚，饲养管理严格，雏鸡一般都有一定的保证，而且抵御市场风险的能力强，能信守合同。管理混乱、生产水平不高的种鸡场，很难提供具有高产能力的雏鸡，所以应选择好引种场家，切不可随便引种（图1-38）。

图1-38 从具有《种畜禽生产经营许可证》的种鸡场购买鸡种

（三）质量选择

主要通过观察外表形态，选择健康雏鸡。可采用"一看、二听、三摸"的方法进行。一看雏鸡的精神状态，羽毛整洁程度，喙、腿、趾是否端正，眼睛是否明亮，肛门有无白粪，脐孔愈合是否良好（图1-39A、图1-39B、图1-39C、图1-39D）。二听雏鸡的叫声，健康的雏鸡叫声响亮而清脆；弱雏叫声嘶哑微弱或鸣叫不止（图1-40）。三摸是将雏鸡抓握在手中，触摸骨架发育状态，腹部大小及松软程度（图1-41）。健康雏鸡较重，手感饱满、有弹性、挣扎有力（图1-42A、图1-42B、图1-42C）。

图1-39A 健康雏鸡腹部

图1-39B 弱雏腹部

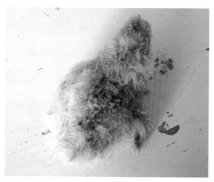

图1-39C 弱雏

图1-39D 残雏

图1-40 听声检查

图1-41 手握检查

图1-42　健康雏鸡

蛋鸡

第二章　鸡场的建设要求

一、场址选择及建设布局

（一）场址选择

商品蛋鸡场的场址选择既要考虑鸡场生产的便利，又要考虑鸡场与周围环境的相互影响，要顾及自然条件（地形地势、土壤、水源、地质、气候等），也要考虑社会条件（交通、供电、环境、疫情、社会风俗习惯等）。所有这些条件都将会对鸡场的建设成本、鸡群健康、生产性能、生产效率等产生直接影响。因此，场址选择需进行全面细致的调查研究，综合分析利弊后方可确定。

1.地势、地形　蛋鸡场应建在地势高燥、平坦、视野开阔的地带。地形有一定的坡度、向阳、通风、排水良好，有利于鸡场内、外环境的控制。选址时还应注意当地的气候变化条件，不能建在昼夜温差过大的地区（图2-1A、图2-1B）。

图2-1A　鸡场远景图　　　　图2-1B　正在建设中的鸡场

2.土壤　蛋鸡场的土壤应符合卫生条件要求，不能有工业、农业废弃物的污染，过去未被鸡及其他动物的致病细菌、病毒和寄生虫所污染，透气性和透水性良好，以便保证地面干燥。蛋鸡场应远离山坡及地震带，土壤压缩性小而均匀，以承载地上建筑物和所使用机械设备重量。总之，鸡场的土壤以沙壤土和壤土为宜，这样的土壤排水性能良好、隔热，且不利于病原菌的繁殖，符合鸡场的卫生要求。

3.水源 蛋鸡场选址要求水源充足，水质良好，水源无污染、无异味，清澈透明，符合人畜饮用水标准，最好是城市供给的自来水。水的pH不能过高或过低，即pH不能低于4.6，不能高于8.2，最适宜范围为6.5～7.5。硝酸盐不能超过45毫升／升，硫酸盐不能超过250毫升／升。尤其是水中最易存在的大肠杆菌含量不能超标。水质应符合NY 5027无公害食品、畜禽饮用水标准。

4.供电 蛋鸡场要求24小时有电力供应，以满足照明、通风等的需求，5 000只以上规模的鸡场必须具备备用电源，如双线路供电或自备发电机设备等，如果是自配饲料，还应有动力电（380伏）的供给（图2-2A、图2-2B）。

图2-2A 电力供应

图2-2B 备用发电机

5.位置、交通 蛋鸡场宜建在城郊，离大城市20～50千米，离城区居民点和其他畜禽场15千米。远离种鸡场，且附近无居民点、集市、畜牧场、屠宰场、水泥厂、钢铁厂、化工厂等，这样的场地既安静又卫生。距离铁路不少于2千米，距离主要公路500米以上、次

图2-3 鸡场与外通自建公路

要公路100～300米，但应交通方便、接近公路，自修公路能直达场内，以便运输原料和产品（图2-3）。

（二）建筑物布局

1.鸡场的区域规划 鸡场一般分为行政办公区、员工生活区、生产区和粪污处理隔离区。各区之间应严格分开并有一定距离相隔，行政办公区和员工生活区风向与生产区相平行或位于上风向。条件许可时，行政办公区、员工生活区可设置于鸡场之外，把鸡场变成一个独立的生产机构。这样既便于信息交流及产品销售，又有利于养殖场疫病的控制。否则，如果消毒隔离措施不严格，就会引起防疫工作的重大失误，给蛋鸡生产埋下隐患（图2-4A、图2-4B、图2-4C）。

图2-4A 生产区鸡舍布局

图2-4B 鸡场生活区

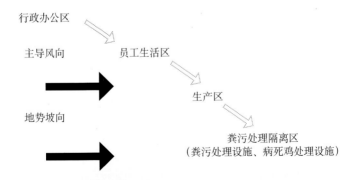

图2-4C 鸡场建筑布局示意图

2.各类鸡舍的配比与饲养工艺 理论上一般把鸡舍分为育雏舍、育成舍和蛋鸡舍。而生产实践中一般分为育雏育成舍和产蛋舍。雏鸡从1日龄开始，在育雏育成舍饲养至16～18周龄，转入产蛋舍，在产蛋舍饲养至淘汰（60～72周龄）。具有一定规模的蛋鸡场，为了均衡生产，一般一年进3～4批鸡，即育雏育成舍和产蛋舍的笼位比例为1：3(图2-5、图2-6)。

图2-5 育雏育成舍内景

图2-6 蛋鸡舍内景

3.各类建筑物的具体布局 行政办公区是与外界联络沟通的区域，有专门通道与员工生活区连接，外来人员不得进入员工生活区，员工生活区又有专门通道与生产区相通（图2-7、图2-8）。

图2-7 员工从生活区到生产区的通道

图2-8 车辆进入鸡场生产区经过的消毒池

4.鸡舍的间距与朝向 生产区是鸡场布局的主体，应慎重对待。鸡场生产区内应按生产规模、饲养周转批次，将鸡场分成数个饲养小区，小区与小区之间应有一定的隔离距离，每个小区应实行整进整出，每栋鸡舍之间应有隔离措施，如围墙、绿化带、水渠等。各鸡舍、区域间距离见表2-1。

表2-1 各类鸡舍及不同区域间的距离 单位：米

类 别	最小距离范围
育雏育成舍与产蛋舍间距	30～70
产蛋舍间距	15～25
生活区与生产区间距	50～60
生活区与粪污处理隔离区	200～300
生产区与粪污处理隔离区	50

鸡舍一般为东西走向，这样既可以充分利用自然光照，又有利于冬天保温和夏天防暑降温。

5.鸡场的道路 进入行政办公区入口处，应设有车辆消毒池；外来车辆不得进入员工生活区；生产区有专门的通道与外相连，供饲料、鸡蛋进出，外来专用车辆只能进到缓冲区，缓冲区入口处应设车辆消毒池；缓冲区与生产区连接处设车辆消毒池，专用于场内专业车辆出入；鸡场内道路布局应分为净道和污道，其走向为育雏育成舍、成年鸡舍，各舍有入口与净道连接，供人员、饲料、鸡蛋进出；污道主要用于运送鸡粪、死鸡及鸡舍内需要外出清洗的脏污设备，其走向也为育雏育成舍、成年鸡舍，各舍均有出口连接污道。净道和污道不能交叉，以免污染（图2-9至图2-11）。

图2-9 进入缓冲区的消毒池

图2-10 缓冲区进入生产区的车辆消毒池

图2-11 场内净道

6.鸡场的绿化 鸡场的绿化非常重要，搞好绿化不仅可以保护环境，调节小气候，而且有助于防疫、促进安全生产、提高经济效益。行政办公区和员工生活区以草坪、低矮灌木为主；不同区域之间及各鸡舍之间，应有绿化隔离带，以草坪、低矮植物为好，也可种植豆科牧草，既可隔离净化各个区域，也可在条件允许时给场内鸡只添加青饲料。鸡场周围及场区内不得种植高大树木，以免招引鸟类聚集，带来疫病风险（图2-12）。

图2-12 搞好鸡场的绿化

二、鸡舍的建筑要求

（一）类型

根据采光和通风形式不同，鸡舍一般分为密闭式、全开放式、半开放式和有窗式。采用什么类型的鸡舍要因地制宜，既要适宜鸡的生理生产需求，又要最大限度地节约能源。

1.密闭式 这种鸡舍建筑成本高，要求24小时能提供电力等能源，技术条件也要求较高，适宜于大型机械化蛋鸡场。密闭式鸡舍无窗、完全封闭，屋顶和四周墙壁隔热性能良好，舍内通风、光照、温度和湿度等都靠人工通过机械设备进行控制。这种鸡舍能给鸡群提供适宜的生长、生产环境，鸡群成活率高，可较大密度饲养，但成本较高（图2-13）。

图2-13 密闭式鸡舍

2.全开放式 这种鸡舍适用于广大农村地区，我国大部分养鸡场尤其是农村养鸡户均采用此种鸡舍。开放式鸡舍是采用"自然通风和自然光照＋人工辅助光照"的形式。鸡舍内温度、湿度、光照、通风等环境因素控制得好坏，取决于鸡舍设计、鸡舍建筑结构的合理程度。同时，鸡舍内饲养鸡的品种、数量的多少、笼具的安放方式（如阶梯式、平置式、叠放式或平养）等均会影响舍内通风效果。其温度、湿度及有害气体的控制等见表2-2。因此，在设计开放式鸡舍时应充分考虑到以上因素（图2-14）。

图2-14 塑料大棚蛋鸡舍

表2-2 成年鸡舍的小气候参数

类型	温度 （℃）	相对 湿度 （%）	噪声允许 强度 （分贝）	尘埃允许 含量 （毫克／米³）	二氧化碳 允许浓度 （%）	氨允许 浓度 （毫升／米³）	硫化氢允许 浓度 （毫升／米³）
笼养	20～18	60～70	90	2～5	0.20	13	3
平养	12～16	60～70	90	2～5	0.20	13	3

3.半开放式 这种鸡舍适用于中型蛋鸡场，比密闭式鸡舍建筑成本要低，一般在南北主墙上开有上窗户。光照采用"自然光照＋人工辅助光照"，在最冷、最热季节采用机械通风，而在气候适宜时采用自然通风（图2-15、图2-16）。

图2-15 半开放式鸡舍南侧

图2-16 半开放式鸡舍用于降温的湿帘

图2-17A　有窗鸡舍

4.有窗鸡舍　即在南北主墙开有上、下窗户，鸡舍不安装风机。光照采用"自然光照＋人工辅助光照"，通风在不同季节靠开启窗户的多少来调节（图2-17A、图2-17B、图2-17C）。

图2-17B　简易的有窗鸡舍一

图2-17C　简易的有窗鸡舍二

（二）结构要求

1.屋顶　屋顶的选材和结构要求保温、隔热、防水、坚固，且重量要轻。鸡舍最好设有天棚，屋顶与天棚之间形成的空间，有利于缓冲温度，也可提高纵向通风式鸡舍的通风效率。屋顶形状有很多种，如双坡三角式、平顶双落水式、圆拱双落水式等。一般根据当地的气温、通风等环境因素来决定。在南方干热地区，屋顶可适当高些，以

图2-18　双坡三角式屋顶

利于通风；北方寒冷地区可适当矮些，以利于保温。生产中大多数鸡舍采用三角形屋顶，坡度一般为1/4 ～ 1/3。屋顶材料要求绝热性能良好，以利于夏季隔热和冬季保温（图2-18至图2-20）。

图2-19 平顶双落水式屋顶

图2-20 圆拱双落水式屋顶

2. 墙壁 育雏育成舍要求墙壁保温性能良好，并有一定数量可开启、可密闭的窗户，以利于保温和通风。产蛋鸡舍前、后墙壁有全敞开式、半敞开式和开窗式几种。敞开式一般敞开1/3 ~ 1/2，敞开的程度取决于气候条件和鸡的品种类型。敞开式鸡舍在前、后墙壁进行一定程度的敞开，但在敞开部位可装玻璃窗，或沿纵向装尼龙帆布等耐用材料做成的卷帘，这些玻璃窗或卷帘可关、可开，可根据气候条件和通风要求随意调节；开窗式鸡舍是在前后墙壁上安装一定数量的窗户，以调节室内温度和通风（图2-21、图2-22）。

图2-21 前后全敞开式

图2-22 北墙窗户

3. 地面 鸡舍地面应高出舍外地面0.3 ~ 1米，舍内应设排水孔，以便舍内污水顺利排出。地基应为混凝土地面，保证地面结实、坚固，便于清洗、消毒。在潮湿地区修建鸡舍时，混凝土地面下应铺设防水层，防止地下水湿气上升，保持地面干燥。为了有利于舍内清洗消毒时排水，中间地面与两边地面之间应有一定的坡度（图2-23A、图2-23B）。

图2-23A 铺设中的鸡舍地面

图2-23B 已铺设完成的地面

4.门窗 鸡舍的门一般宽1.5～2米、高2米，应有净门和污门之分。净门供人员、饲料、鸡蛋进出；污门专用于清理鸡粪及病死鸡（图2-24）。

有窗鸡舍的窗户应足够大，以满足鸡舍自然通风和白天的自然光照。走道靠墙的鸡舍，窗台距地面约1米，窗户上顶距屋檐约0.8米，南墙的窗户宽1米、高1.3米，北墙窗户高度、宽度均1米。窗扇向外开或推拉，内侧安装金属网，以防鼠、鸟进入（图2-25）。

图2-24 鸡舍净门

图2-25 彩钢瓦鸡舍南墙窗户

5.跨度、长度和高度 鸡舍跨度为7～12米。鸡舍的跨度主要取决于鸡笼的宽度及在鸡舍内的排列方式。三层阶梯式蛋鸡笼，每列宽度为2～2.2米，通道留0.8～1米。鸡舍的跨度还受建筑材料的影响，如果屋顶是木质结构，则跨度不宜超过7米，否则不仅增加建筑成本，而且影响鸡舍的使用寿命。

鸡舍的长度主要受场地的影响，也受通风方式和饲养量的影响。采用自然通风的蛋鸡舍长20～70米。采用纵向通风的蛋鸡舍长50～70米。每列鸡笼两端距墙1.5～2米。

鸡舍的高度受所使用设备高度、通风方式和屋顶结构的影响。在不采用大型机械进行高密度饲养的情况下，屋顶最低部位距地面（屋檐高度）2.5～3米，虽然增加高度有利于通风，但会增加建筑成本，且冬季增加保温难度，故鸡舍不需太高。

三、养鸡设施

（一）饲养设备

1.育雏笼　专门饲养1～42日龄的雏鸡，标准化育雏笼一般为四层，用金属或塑料制成，规格一节为1米×2米，一组由5～6节组成。这种方式虽然增加了育雏笼的投资成本，但有以下几方面的优点：提高了单位面积的育雏数量和房屋利用率；雏鸡发育整齐，减少了疾病传染，提高了成活率（图2-26A、图2-26B、图2-26C）。

图2-26A　4层层叠式育雏笼

图2-26B　层叠式育雏笼的实际应用

图2-26C　农户层叠式育雏笼的实际应用

2.育成笼　专门饲养7～18周龄的鸡。为了节约鸡舍建设成本和笼具购置成本，生产实践中直接使用育雏育成笼，不再建专门的育雏舍。

42日龄前在笼内加铺塑料底网，使用饮水器，随着日龄的增加，逐渐降低饲养密度，42日龄后撤去塑料底网和饮水器（图2-27A、图2-27B、图2-27C、图2-27D）。

图2-27A 育雏育成笼

图2-27B 阶梯式育雏育成笼

图2-27C 阶梯式育雏育成笼的实际应用

图2-27D 塑料大棚式育成舍内景

3.蛋鸡笼 蛋鸡一般采用全阶梯式、半阶梯式、重叠式笼养。如果是半阶梯式和重叠式，则每层之间有竹、木等材料制成的承粪板。如果是全阶梯式，则不需要承粪板。这几种方式以3层为宜。机械化密闭鸡舍一般鸡笼为4～6层（图2-28A、图2-28B、图2-28C）。

图2-28A 蛋鸡笼

图2-28B　全阶梯式蛋鸡笼

图2-28C　三层阶梯笼

（二）供料系统及喂料设备

包括喂料机、输料机和储料塔。

1.储料塔　一般安装在舍外，适用于大、中型集约化程度较高的鸡场，主要用来存储干粉状或颗粒状配合饲料，一般一栋鸡舍配一个，供短期存储饲料（图2-29）。

2.喂料机

（1）链式喂料机　链式喂料机主要由料箱、驱动装置、食槽、链片、转角器、清洁器等组成，由驱

图2-29　储料塔

动器、链轮带动链片，靠链片的移动将料箱内的饲料均匀、快速、及时地输送到整栋鸡舍。链式喂料机适用于大中型鸡舍的喂料作业，主要用于输送粉状配合饲料或颗粒饲料，既可用于笼养，也可用于平养，是目前使用最广的一种喂料机（图2-30）。

（2）螺旋弹簧式喂料机　螺旋弹簧式喂料机主要由机头驱动部

图2-30　链式喂料机

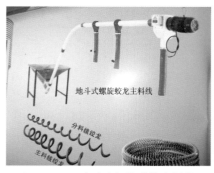

图2-31A 地斗式螺旋弹簧主料线

图2-31B 使用中的地面料斗

分、料箱、螺旋弹簧、输料管道、食盘、机尾等组成，属于直线型喂料设备。驱动器带动输料管内的螺旋弹簧转动，料箱内的饲料被送进输料圆管，通过落料口落进食盘内。此种喂料机广泛应用于平养鸡舍（图2-31A、图2-31B、图2-32）。

图2-32 青年鸡蛟龙式喂料机

（3）斗式喂料机、行车式喂料机 适用于多层笼养鸡舍（图2-33、图2-34）。

图2-33 斗式喂料机

图2-34 行车式喂料机

3.喂料槽 不同型号的鸡笼有对应型号的料槽（图2-35A、图2-35B）。

图2-35A　雏鸡料槽

图2-35B　育雏育成及蛋鸡料槽

4.喂料桶　为常用的喂料设备，由塑料制成，适用于散养、平养鸡舍（图2-36）。

（三）供水系统及饮水设备

包括过滤器、减压装置及饮水设备。

1.过滤器和减压装置　过滤器可滤去水中的杂质，提高水质。鸡场一般用自来水或水塔内的水，其

图2-36　喂料桶

水压适用于水槽式饮水设备，而乳头式、真空式等饮水设备均需要较低的水压，这就需要安装减压装置，常见的有水箱式和减压阀式。水箱式在生产中应用较广（图2-37A、图2-37B，图 2-38A、图2-38B）。

图2-37A　生产中安装的水过滤器

图2-37B　水过滤器

图2-38A 减压阀式减压装置

图2-38B 减压水箱

2.饮水设备

（1）乳头式饮水器 乳头式饮水器具有较多的优点，可节约用水，保持供水的新鲜、洁净，极大地降低了疾病的发病率，降低劳动强度。带水杯的乳头饮水器除有一般乳头式饮水器的优点外，还能减少渗漏，可改善鸡舍的环境。乳头式饮水器的类型较多（图2-39A、图2-39B、图2-39C），多数厂家都设计有密封垫，在选择时要注意密封垫的质量。

图2-39A 乳头式自动饮水系统

图2-39B 不同型号的饮水乳头

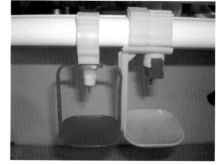

图2-39C 带水杯的乳头饮水器

（2）真空饮水器 雏鸡和平养鸡多用真空式饮水器。优点是供水均衡、使用方便,缺点是清洗工作量大,饮水量大时不宜使用(图2-40)。

(3)普拉松饮水器 又称吊盘式饮水器,一般用绳索或钢丝悬吊在空中,根据鸡体高度调节饮水器高度,适用于平养。优点是节约用水,清洗方便(图2-41)。

(4)水槽 是生产中较为普遍的供水设备,平养和笼养均可使用。优点是结构简单、成本低,便于饮水免疫;但易传播疾病,耗水量大,工作强度大。饮水槽分V形和U形两种,深度为50～60毫米,上口宽50毫米,长度按需要而定(图2-42)。

图2-40 不同型号的真空饮水器

(5)杯式饮水器 与水管相连,利用杠杆原理、水的浮力供水,缺点是水杯需清洗,需配置过滤器和水压调整装置(图2-43)。

(6)储水箱 根据鸡场的生产规模,配备相应容积的专用储水箱。见图2-44。

图2-41 普拉松饮水器(吊盘式饮水器)

图2-42 水 槽

图2-43 杯式饮水器

图2-44 水 箱

（四）环境控制设备

任何一个优良的蛋鸡品种，如果没有良好的环境控制设备保持鸡舍的环境质量，那么它的生产性能是不会发挥出来的，因此，良好的环境控制设备是养鸡场的基础。

1.温度控制设备

（1）**湿帘** 在鸡舍的一端墙面装湿帘，另一端装排风机，水均匀不断地从湿帘上流过，利用排风机使鸡舍内形成负压，迫使舍外空气穿过湿帘进入鸡舍，从而达到降温的目的（图2-45）。

图2-45 湿 帘

（2）**喷雾降温系统** 在炎热季节，通过真空泵、降温喷头向鸡舍喷洒凉水，达到降温的目的（图2-46A、图2-46B）。

图2-46A 安装在屋顶的降温喷头

图2-46B 降温喷头

2.**通风设备** 炎热的夏天，当气温超过30℃时，鸡群会感到极不舒适，生长发育和产蛋性能会严重受阻，此时加强舍内通风是主要的降温手段之一。适当通风不仅可以调控鸡舍温度，更重要的是保障鸡舍空气良好。风机应安装在使鸡舍内空气纵向流动的位置上，这样通风效果才最好。风扇的数量可根据风扇的功率、鸡舍面积、鸡只数量的多少、气温的高低来进行计算（图2-47A、图2-47B）。

图2-47A 风机正面

图2-47B 风机背面

3.照明设备 光照是舍内环境控制中的一个比较重要的因子。光照控制设备包括照明灯、电线、电缆、控制系统和配电系统（图2-48A、图2-48B）。

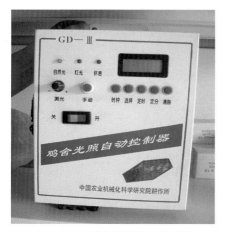

图2-48A 鸡舍光照自动控制器

图2-48B 育雏舍照明用节能灯和白炽灯

（五）防疫设备

1.喷雾消毒设备

（1）推车式高压冲洗消毒器 用于鸡舍墙面、地面，及饲养设施、用具的清洗、消毒。冲洗时用清水，消毒时在水中按要求加上消毒药即可（图2-49）。

（2）背负式喷雾消毒器 即农用喷雾器。具有操作简便、不漏液体、安全轻便等优点（图2-50）。

图2-49　高压冲洗、消毒机

图2-50　背负式喷雾器

2.免疫接种设备　包括连续注射器、疫苗点滴瓶、刺痘针、喷壶（图2-51至图2-54）。

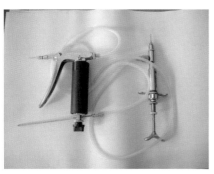

图2-51　连续注射器

图2-52　刺痘针

图2-53　喷壶

图2-54　疫苗点滴瓶

3.其他设备 主要包括给药器、自动干燥箱、超声波清洗机等（图2-55A、图2-55B）。一般规模化鸡场都在使用。

图2-55B 消毒设备超声波清洗机、自动干燥箱

图2-55A 给药器

（六）其他设施

1.清粪设施 除了常用的粪车、铁锹、刮粪板、扫帚外，大型蛋鸡场要使用自动清粪系统。

（1）牵引式刮粪机 包括牵引机、刮粪板、钢丝绳、转向滑轮钢丝绳转动器等。主要用于鸡舍粪沟的清粪工作，该设施结构简单、维修方便，主要缺点是钢丝绳容易被鸡粪腐蚀而断裂（图2-56A、图2-56B、图2-56C）。

图2-56A 牵引式刮粪机

图2-56B 机械清粪的粪沟

图2-56C 储粪沟

（2）传送带清粪 用于叠层式笼养上下鸡笼间的清粪。鸡粪直接落于传送带上，省去粪沟和承粪板。该设施包括传送带、主动轮、从动轮、托轮等，成本高，安装要求严格，否则易出问题，影响正常工作（图2-57）。

2.集蛋设备 除常用的塑料蛋盘、纸蛋盘、蛋箱外（图2-58A、图2-58B），在大型鸡场采用集蛋设备代替人工集蛋，常用的自动集蛋系统分纵向和横向两种。与国外相比，我国劳动力价格便宜，鸡的饲养密度低，所以使用自动集蛋设备的鸡场很少（图2-59A、图2-59B）。

图2-57 传送带清粪

图2-58A 塑料蛋盘

图2-58B 塑料蛋箱

图2-59A　自动化的集蛋设备

图2-59B　集蛋中的自动化集蛋设备

3.断喙设备　断喙器一般采用低速电机，通过链杆转动机件，带动电热动力刀上下运动，并与微动鸡嘴定位刀片自动对刀，快速完成断喙、止血、清毒功能。断喙器型号很多，一般根据鸡只大小选好动刀孔径，实施断喙（图2-60）。

4.转鸡盒　用于鸡转群和淘汰鸡的出售，一般为专用的塑料制品（图2-61）。

图2-60　断喙机

图2-61　转鸡盒

第三章　育雏新技术

育雏期一般是指雏鸡从出壳到6周龄这段时间，现在育种倾向于轻型化的鸡，从体重角度考虑，有时也将育雏期延长到7～8周龄。育雏期是培育优质蛋鸡的初始和最关键阶段，也是养鸡全程中最难饲养、最难管理、工作最为细致的重要阶段，它为以后鸡产蛋期生产性能的充分发挥打下基础。

一、育雏期的培育目标

1.成活率高　培育出健康、未发生传染病、符合本品种生长发育特征的合格鸡群，1周龄末成活率达到99.0%～99.5%，6周龄末达到98%（图3-1）。

2.体重、胫长达标　培育出体重符合标准，骨骼良好，胸骨平直结实，胫长达标的后备鸡，要求鸡群均匀度不低于80%（图3-2）。

3.抗体水平高　育雏期末，新城疫、禽流感等疫病的抗体水平高（图3-3、图3-4）。

图3-1　育雏期末健康雏鸡群

图3-2　育雏期末体重胫长达标的后备鸡

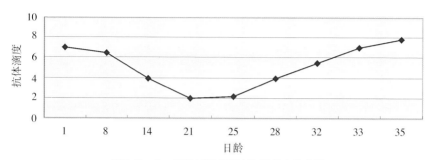

图3-3 0~6周龄新城疫抗体消长变化规律

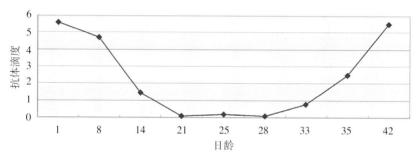

图3-4 0~6周龄禽流感H$_5$抗体消长变化规律

二、0～6周龄雏鸡的生理特点

1.**消化能力差** 刚出壳的雏鸡胃肠体积小，消化系统发育不健全，消化能力差，所以要求饲喂易消化、高蛋白、高能量、低纤维含量的饲料，以满足其快速的生长发育（图3-5）。

2.**体温调节能力差** 刚出壳的幼雏身上没有羽毛覆盖，只有绒毛，体温调节能力差，难以适应外界大的温差变化。初生雏鸡的体温较成年鸡体温低2℃左右，42日龄以后雏鸡才具有适应外界环境温度变化的能力。因此，只有维持适宜的育雏温度才能保证雏鸡的正常发育（图3-6）。

3.**雏鸡的抗病力差** 幼雏由于调节机能不健全，免疫系统发育不完善，抵抗力差，很容易受到各种有害微生物的侵袭，感染疾病。因此，要严防病原侵袭，重视防疫，定期接种疫苗（图3-7）。

4.**胆小、易受惊吓** 雏鸡神经敏感，无自卫能力，因此，要保持育雏环境安静，陌生人不得进入育雏室，防止噪声，防止鸟、鼠等动物进入育雏室（图3-8）。

图3-5　雏鸡的消化道短，胃肠体积小

图3-6　雏鸡只有绒毛，体温调节能力差

图3-7　雏鸡免疫系统发育不完善，抗病力差

图3-8　雏鸡易受惊吓。此为受惊吓后，雏鸡簇成一堆

三、育雏方式的选择

（一）地面育雏

地面育雏是指在室内地面上培育雏鸡的方式（图3-9）。地面育雏要求舍内地面彻底消毒后铺上垫料饲养雏鸡。垫料厚度为20厘米左右，垫料可就地取材，如切碎的干净稻草、麦秸、刨花或锯末，要求干燥、卫生、柔软（图3-10）。

地面育雏成本较低，但饲养密度低，管理不便，雏鸡易患病。

图3-9 地面平养育雏

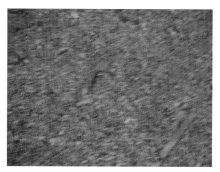

图3-10 地面平养育雏所用垫料锯末

（二）网上育雏

网上育雏是将雏鸡饲养在距地面50～60厘米高的铁丝网或塑料网上，也可以用木条或竹竿搭成，网孔的大小应以饲养育成鸡为适宜，不能太小。饲养初生雏鸡时，应在网面上铺一层小孔塑料网，待雏鸡日龄增大后，再撤掉塑料网（图3-11、图3-12）。网上育雏方式有利于鸡病的预防，但应注意微量元素的补充。

图3-11 网上平养鸡舍

图3-12 网上育雏

（三）立体育雏

立体育雏是把雏鸡放在专门设计的笼内饲养。一般为四层叠式笼，笼层四周设有食槽和水槽，每层笼下面有接粪盘，是目前主要的育雏方式（图3-13至图3-14）。

图3-13　四层重叠式笼养育雏

图3-14　接粪板

（四）结合不同育雏方式所采用的供暖方式

1.地上烟道供暖　在育雏舍内用砖或土坯垒成烟道，长度根据育雏舍大小而定。几条烟道汇合后由烟囱通到室外（图3-15至图3-17）。

2.煤炉供暖　在育雏舍内安装铁火炉，装上烟囱，将烟排出室外，此方法简单易行，但舍温无法均匀控制，尤其在冬季要及时通风换气，防止缺氧及空气污浊。同时要防煤气中毒及发生火灾（图3-18）。

图3-15　地上烟道供暖

图3-16　与地上烟道配套的室外火道口

图3-17　与室内烟道配套的室外烟囱

3.暖风炉供暖　以煤为原料，在舍外设立热风炉，将热风引进鸡舍上空或采取正压将热风吹进鸡舍上方，集中预热舍内空气，效果较好，此方法在种鸡场及规模场普遍采用（图3-19、图3-20）。

4.自动电热风机供暖　此设备具有热效应好、不消耗氧气、噪音低、传送热量快等特点。但耗电量较大（图3-21）。

图3-18　煤炉供暖

图3-19　暖风炉供暖

图3-20　热风炉送风时的雏鸡舍

图3-21　自动电热风机供暖

四、育雏准备

（一）育雏季节和时间的选择

育雏季节根据鸡场规模而定。较大规模的鸡场，育雏不能一次完成，需分批进行，全年均衡生产，不存在育雏季节选择的问题。

较小规模以自然条件为主的鸡场（户），则需考虑季节问题。应首选春季育雏，因为春季气候条件好，空气干燥，病菌不易活动，有利于雏鸡的生长发育。同时雏鸡长大后正值夏收季节，饲料种类多，日粮也很容易满足鸡的生长需要。春季育雏，当年9～10月份就能见蛋，11月份达到产蛋高峰期，而每年的11月份到次年2月份市场蛋价最高。这样产蛋高峰期正好赶上市场蛋价最高的时期，经济效益较好。

（二）育雏数量的确定

育雏数量要根据成年鸡的房舍面积、鸡群整体周转计划来制定。需要考虑到育雏育成期的死淘率、雌雄鉴别率，不能盲目引进。雏鸡数量过多会造成密度过大，影响雏鸡的正常发育；雏鸡数量过少，则会造成鸡舍利用率降低，影响经济效益。具体计算方法是：

进雏数量 = 上笼鸡数 / 雏鸡的雌雄鉴别率 / （1 - 育雏育成期的死淘率）

（三）进鸡前的准备

1.育雏舍的准备

（1）外环境的防疫消毒 首先，从卫生防疫角度讲，育雏舍不应靠近产蛋鸡舍，间隔至少要有30～70米，育雏舍门口要设置消毒池，并保持池内长期存放有效的消毒药（图3-22）；其次，鸡舍外环境也要进行消毒，不许有垃圾、废物杂草等（图3-23），道路需在进雏前2周用消毒剂冲洗消毒（图3-24至图3-27）。

图3-22　育雏舍门口设立消毒池

图3-23　清除鸡舍外环境的杂草、垃圾等

图3-24　准备背负式喷雾器

图3-25　准备两种以上的消毒液

图3-26　配制消毒溶液

图3-27　喷雾消毒舍外道路

（2）内环境的准备　育雏舍既要保温良好，还要方便通风换气，要求做到气流不能太快，不能有贼风，有条件的鸡场最好设置风机。育雏舍内的照明分布也要合理，多列育雏笼的每列走道都应布有灯具，各列间照明灯应交错排列，灯距2.5米左右，以保证光照均匀。育雏舍内还要有良好的供排水设施，以便于饮水器的换水和器具的清洗消毒（图3-28）。

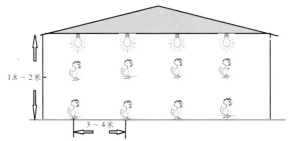

1.8～2米

3～4米

图3-28　灯泡离地面高1.8～2米，灯泡间距3～4米

（3）舍内的清扫消毒　育雏舍及舍内所有的用具、设备均要在雏鸡进舍前进行彻底的清洗和消毒。

1）清扫、冲洗鸡舍　上批雏鸡转群后，应立即开展清扫工作；洗刷地面、鸡笼和用具；对饮水系统、料槽、笼具进行检修；之后，进行再一次的清扫、冲洗和消毒。冲洗时最好用高压水枪按照从上到下，先屋顶、后鸡笼架、最后地面的顺序进行冲洗（图3-29至图3-34）。

图3-29　上批雏鸡转群后，立即进行清扫工作，清除鸡舍内的粪便、灰尘、鸡毛等污物

图3-30　清理育雏笼内的鸡粪

图3-31　准备水泵，使用高压水枪按照从上到下、先内后外的顺序冲洗

图3-32　使用高压水枪冲洗鸡笼

图3-33　仔细冲洗食槽

图3-34　最后冲洗地面，冲掉大部分有机物

2）清洗干燥后进行消毒

①喷洒消毒：顶棚、墙壁、地面和其他部分用无腐蚀性的消毒药物喷洒消毒（图3-35至图3-38）。1米以下的墙壁和地面用3%的火碱溶液刷洗消毒（图3-39至图3-44）。

图3-35　喷雾消毒笼具

图3-36　喷雾消毒食槽

图3-37　喷雾消毒墙壁

图3-38　喷雾消毒地面

图3-39　准备氢氧化钠

图3-40　称量氢氧化钠

图3-41　配制2%～3%的火碱溶液

图3-42　搅拌配制好的火碱溶液

图3-43　用配制好的溶液刷洗1米以下的墙壁

图3-44　用消毒液刷洗地面

②火焰喷烧消毒：墙壁、地面、不怕火烧的金属笼具用火焰喷烧消毒（图3-45至图3-49）。

③熏蒸消毒：将所有消毒清洗后的器具放入舍内，用高锰酸钾和福尔马林溶液密闭熏蒸24小时。剂量为每立方米空间用福尔马林溶液30mL，高锰酸钾15克（图3-50至图3-56）。密闭熏蒸消毒时的舍内温度要求不低于15℃，湿度不低于60%。

图3-45　准备火焰喷烧的用具

（4）**试温**　在进雏前1～2天要进行试加热，检查供热设施功能是否完好，以确保正常供热。进雏前1～2小时舍温要达到雏鸡要求的标准。同期，准备饲料，落实饲养人员，做好进雏记录（图3-57）。

图3-46　火焰喷烧笼具

图3-47　火焰喷烧食槽

图3-48　火焰喷烧墙壁

图3-49　火焰喷烧地面

图3-50　密闭鸡舍门窗，将消毒清洗后的全部器具放入育雏舍内

图3-51　准备高锰酸钾

图3-52 准备福尔马林溶液，福尔马林溶液一般是甲醛含量为40%的水溶液

图3-53 先将高锰酸钾倒入装有水的耐腐蚀的容器内，搅拌均匀

图3-54 然后将福尔马林溶液倒入

图3-55 利用高锰酸钾与福尔马林溶液的氧化-还原反应杀死病原微生物

图3-56 按鸡舍的容积计算药品总用量，配备足够的容器

图3-57 试温正常后进雏

2.饲料的准备 开食料选优质的雏鸡饲料。为了减少或防止雏鸡糊肛，饲料上面铺一层碎玉米，每100只雏鸡用量400～700克。优质的雏鸡饲料最好是经破碎后的全价颗粒饲料，因为颗粒料可以杀死饲料中的病菌并解决雏鸡吃料少、增重慢的问题。配制好的全价饲料不要存放太久，存放时间越长，营养损失越大。特别是炎热的夏天，

图3-58 开食的玉米粒

最好不超过2周，以防全价饲料中的维生素A，维生素E被氧化和发生霉变（图3-58至图3-60）。

图3-59 开食的颗粒雏鸡料

图3-60 根据育雏鸡数，准备必需的雏鸡颗粒饲料

3.药品疫苗的准备 根据养鸡的数量，准备必需的预防性药品，包括常用的消毒药、抗菌药、添加剂等。准备育雏免疫期必备的疫苗种类及数量，并按疫苗保存说明妥善保存（图3-61至图3-63）。

4.育雏人员的准备 育雏是养鸡生产中最为繁杂、细微、艰苦，技术性又强的工作，需挑选责任心

图3-61 准备育雏期所需的疫苗

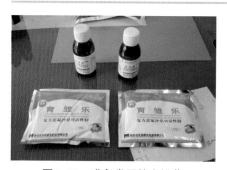

图3-62　准备常用的育雏药

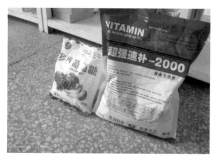

图3-63　准备防应激常用电解多维、多维葡萄糖

强、工作细心认真且有一定专业技术知识的饲养人员。

五、雏鸡的运输

接雏前必须给雏鸡注射马立克疫苗。如果是本场孵化雏鸡，注射疫苗后可分批送达育雏舍，不要等到全部雏鸡出完才送，以免雏鸡着凉或失水。从外地接雏，要提前到达接雏地点，特别是路途较远的更要提前到达，这样可有充分的时间做准备工作。雏鸡在出壳后24小时内，最好不超过36小时送入育雏舍。接运的雏鸡要符合健雏标准，弱雏、伤残、畸形雏不要。装雏前对运输工具要进行消毒，装雏工具最好选用雏鸡箱，按每80～100只雏鸡装进分成四等份的雏鸡盒（50厘米×50厘米×20厘米）中运输。运输时，夏季应注意通风，最好选择在日出前或日落后的早晚进行运输；冬季注意保暖，最好选择在中午前后气温相对较高的时间启运。运输过程中要平稳行驶，防止颠簸（图3-64、图3-65）。

图3-64　准备专用的育雏箱

图3-65　保证育雏箱合适的装鸡密度

六、雏鸡的饲养技术

（一）雏鸡的饮水

雏鸡进入鸡舍后，要先饮水后开食。初饮时间越早越好，最晚不超过48小时，及时饮水有利于雏鸡加快对残留卵黄的吸收利用，排出胎粪，增进食欲。另外，雏鸡出壳后，体内水分大量消耗，48小时后水分消耗15%，若不及时给雏鸡饮水，就会影响雏鸡体内水的代谢平衡，极易造成雏鸡脱水死亡，所以要及时给雏鸡进行饮水（图3-66）。

在育雏第1周，最好让雏鸡饮用18～20℃的温开水，不能用凉水，凉水会导致雏鸡腹泻。1周后雏鸡可直接饮用自来水。初饮的水中可以添加一些维生素、葡萄糖、抗菌药，以缓解雏鸡的应激反应、补充能量，提高雏鸡的抗病力、降低死亡率。添加时要注意添加量以不影响饮水的适口性为宜（图3-67）。

图3-66　雏鸡饮水

图3-67　初饮的水中可加入多维、葡萄糖、抗应激药

让雏鸡尽快学会饮水，还应进行诱导。方法是：轻轻地抓住雏鸡的身体，食指轻轻地按住雏鸡的头部，将其喙部按入水中，停留片刻，注意水不能没入鼻孔，然后让雏鸡迅速抬头，雏鸡就会将水咽下。如此几次，雏鸡就学会了饮水，几只雏鸡率先学会饮水后，其余的雏鸡就会竞相模仿，全部雏鸡很快都会学会饮水（图3-68）。

雏鸡饮水时，需配备足够的饮水器。一般，小型饮水器应保证50只雏鸡一个，每只雏鸡至少需1.5厘米宽的饮水位置；乳头饮水器的配备可按照10～15只鸡配1个乳头计算。立体笼养的最初雏鸡在笼内饮水，1周后应训练其在笼外饮水；平面育雏随着雏鸡日龄增大应调节饮水器的高度（图3-69）。

图3-68　诱导饮水

图3-69　配备足够的饮水器，图中白色用具为饮水器

育雏阶段雏鸡的饮水量主要由饲料结构、饮水质量和环境温度决定。环境温度每升高1℃，饮水量可增加7%左右；温度低于10℃时，会降低饮水量，见表3-1。

表3-1　0～7周龄雏鸡的饮水量　　　　　　　单位：毫升

周　龄	1～2周龄	3	4	5	6
饮水量	自由饮水	40～50	45～55	55～65	65～75

（二）雏鸡的开食及饲喂

雏鸡进入育雏舍后，先让其在雏鸡盒内休息0.5小时左右，再检查清点雏鸡，将符合要求的雏鸡放进育雏器或育雏伞下。待雏鸡饮水2～3小时后，开始喂其饲料，也叫开食（图3-70）。

开食用的饲料前2周最好用破碎的颗粒料，以易于雏鸡啄食，且颗粒料营养丰富、易消化。2周后用颗粒料或粉料，如果用粉料，最好拌湿。

开食的方法：开食前用浅平料盘或报纸铺在笼底。将开食饲料均匀地撒在料盘或报纸上，并增加光亮，引导雏鸡前来啄食。只要有少数几只雏鸡啄食饲料，其余的雏鸡很快就会跟着采食（图3-71）。

图3-70　雏鸡在铺有报纸的育雏笼内采食

图3-71　人工诱导开食

饲喂方法是少喂勤添，让雏鸡自由采食。前3天喂料次数要多些，一般为6～8次，早晚必须各有一次。以后逐渐减少到5～6次，3～8周龄改为夜间不喂，每天4小时1次，每昼夜4～5次，见表3-2。

表3-2　0～6周龄雏鸡饲喂量　　单位：克／（天·只）

周　龄	1	2	3	4	5	6
耗料量	12	17	22	27	32	37

料桶分布要均匀，与饮水器间隔放置（图3-72）。笼养蛋鸡，随着雏鸡的生长，2～3天后逐渐加料槽，待雏鸡习惯料槽后，撤去料盘和塑料布。0～3周龄使用小型料槽，3～6周龄使用中型料槽，6周龄以后改用大型料槽。随着鸡只日龄的增长，要逐步调整料槽的高度，一般以料槽的上缘与鸡背相平为宜。

为保证雏鸡吃饱，应备足料槽（图3-73）。每只雏鸡占有料槽长度见表3-3。

图3-72　料桶和饮水器要均匀间隔放置

图3-73　笼外挂足料槽

表3-3　每只雏鸡占有料槽长度　　　　单位：厘米

周　龄	每只雏鸡占有料槽长度
0 ~ 2	3.5 ~ 5
3 ~ 4	5 ~ 6
5 ~ 6	6.5 ~ 7.5

（三）雏鸡的营养需要

根据雏鸡胃容量小、采食量低（尤其是生长前 1 ~ 2 周）、体重增长不易达到标准体重等特点，育雏期特别是前期要饲喂高能量、高蛋白日粮。日粮中要重点满足蛋氨酸和赖氨酸两种限制性氨基酸的需要。各种营养成分要充足、平衡、搭配合理，并且营养物质的可消化性要好，饲料加工工艺要适于雏鸡的采食。

七、雏鸡的管理技术

（一）体型培育

1. 理想的体型　雏鸡体型发育的好坏直接影响其成年期生产性能的发挥。体型是骨骼与体重的综合体现，一般来说，体重在标准范围内，骨架大小适中方可称为理想体型。

胫骨的发育与骨架发育呈强正相关，生产中常以胫骨的长度代表鸡体骨架的发育。

鸡的骨骼和体重的生长速度不同，骨骼在最初 10 周内生长迅速，体重在整个育成期逐渐增加。8 周龄雏鸡骨骼发育已完成其终生发育的75%，12 周龄完成全期生长的 90% 以上，之后，生长缓慢，到 20 周龄骨骼发育基本完成；而体重则在 18 ~ 20 周龄时方可达到 72 周龄体重的75% ~ 80%，以后，发育缓慢，一直到 36 ~ 40 周龄，生长基本停止，40 周龄后的增重仅是脂肪（图3-74）。

由此可见，育雏期末骨骼发育的好坏对于培育理想体型至关重要。8 周龄胫骨长度为衡量鸡群生长发育的第一限制性指标（图3-75）。

图3-74　10周龄的后备鸡，骨骼在最初的10周内生长迅速

图3-75　8周龄胫长达标是生长发育的第一限制性指标

2.如何获得良好的体型　体型不合适会给生产带来很多不利影响。胫长长而体重小的鸡过瘦，胫长短而体重大的鸡过肥，胫长、体重均不达标则表明育雏失败。这三种情况下鸡后期产蛋表现均不理想。因此，要想培育出体型发育良好的后备鸡，必须从控制骨骼和体重发育入手，定期抽测体重和胫长，并将抽测结果与该品种标准相比较，及时针对比较结果进行分析总结，适时调整饲料供给方案，力争培育出体重和胫长都达标的高产后备鸡。

（1）定期称重　定期称重是为了了解雏鸡的平均体重，掌握鸡群的生长发育情况，及时发现饲料的营养水平是否满足鸡只的生产生活需要。同时，根据称重结果，可以及时调整鸡群的均匀度，有利于提高鸡群后期的产蛋率，所以必须引起养殖者重视。

称重应做好以下几方面的工作：

①雏鸡每周都要随机抽称体重（图3-76A）。

②应从鸡舍的不同位置和不同层选取鸡只（图3-76B）。

图3-76A　雏鸡的称重

图3-76B　选取鸡只的笼位固定后，不得更改

③ 按鸡群数量的5%随机抽取，用电子秤或专用称鸡秤称量。

④ 称重时要在固定的时间，空腹称重。

⑤ 称后的结果取其平均值与本周标准体重比较，并计算出均匀度。根据比较结果，将鸡群分为标准、超标、不达标三组进行分群饲养，不达标的雏鸡可以在标准采食量的基础上增加饲喂量，使其体重达标。

0 ~ 6周龄雏鸡的标准体重及耗料量见表3-4。

表3-4　雏鸡各周龄标准体重与耗料量

周　龄	周末体重 （克／只）	耗料量 （克／只·周）	累计耗料量 （克／只）
1	70	84	84
2	130	119	203
3	200	154	357
4	275	189	546
5	360	224	770
6	445	259	1029
7	530	294	1323

（2）定期测量胫长　检查胫长是否达标，可在4、6、12、18周龄测量胫长，部位是从跗关节到脚底（第3趾与第4趾间）的垂直距离。只有8周龄的胫长、体重全部达标，才可换为育成饲料，如两者有一个不达标，应继续饲喂育雏料2 ~ 3周，但最晚不超过12周龄（图3-77）。

图3-77　定期测量胫长，监测体型发育情况

一般胫长测量标准见表3-5。

表3-5　胫长测量标准表（毫米）

周　龄	轻型鸡	重型鸡
7	85	77
8	89	83
9	93	88

（续）

周　龄	轻型鸡	重型鸡
10	96	92
11	99	96
12	101	99
13	102	101
14	103	103
15	104	104
16	104	104
17	104	105
18	104	105
19	104	105
20	104	105

　　（3）根据抽测结果，适时调整饲养管理方案　5周龄末体重和8周龄末体重及胫长是否达标，对鸡只以后的生产性能影响很大，所以要密切关注定期抽测体重和胫长的结果，适时调整饲养管理方案，积极采取增重措施，想方设法使5周龄末体重、8周龄末体重和胫长达标（图3-78A）。

　　具体方法有：① 提高饲料营养水平，确保日粮营养的全价、均衡，特别注意维生素、磷、钙和蛋白质的供给；② 增加饲喂次数和饲喂量；③ 适时分群，合理调群；④ 保证足够的槽位；⑤ 保持适宜的饲养密度和舒适的饲养环境（图3-78B）。

图3-78A　5周龄体重与产蛋期各主要性能指标呈很强的正相关

图3-78B　通过保证足够的槽位，提高饲料的营养水平，增加采食量来使鸡群体重达标

（二）断喙技术

断喙可有效防止鸡只啄羽、啄肛和啄趾等恶癖发生，能避免雏鸡勾抛饲料，减少饲料浪费。断喙质量的好坏直接影响鸡只的采食情况，所以必须要由熟练人员完成断喙工作。一般在雏鸡6～10日龄进行第一次断喙，这时易于操作，且伤口容易止血（图3-79至图3-81）。

图3-79 准备断喙器

图3-80 雏鸡断喙

图3-81 断喙前与断喙后的对比

断喙注意事项及方法：①为了缓解鸡只断喙时的应激反应，可在饲料中添加维生素K（每千克饲料添加4毫克），有利于凝血；添加维生素C，起抗应激作用；添加抗生素（环丙沙星），防止继发感染。②断喙部位：用断喙器将鸡只上喙从尖端到鼻孔1/2处、下喙尖端1/3处切掉。注意不要切到鸡的舌头，切口出血部位一定要烙烫到止血为止。③断喙后，应把料槽和水槽加满，以利于雏鸡采食，避免鸡只喙部啄空槽导致受伤感染。④雏鸡免疫接种前后两天或鸡群健康有问题时，暂不进行断喙。

（三）环境控制技术

1.温度和湿度的控制技术

（1）温度 温度是育雏成败的首要条件。温度是否适宜，饲养人员

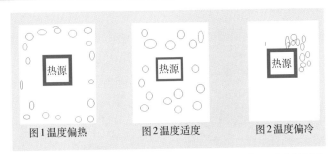

图1温度偏热　　　　图2温度适度　　　　图2温度偏冷

图3-82　通过鸡群的状态判断温度是否适宜，并及时进行调整

可根据鸡群的状态判断：雏鸡远离热源，伸开双翅，双腿瘫于地上，张嘴呼气，频繁喝水，吃料减少，说明温度偏高；雏鸡混作一堆、尖叫、怕冷，则说明温度过低；雏鸡食欲旺盛，在舍内均匀分布，活动自如，精神良好，粪便正常，则说明温度适宜（图3-82、图3-83）。

图3-83　温度高时，雏鸡远离热源，张嘴呼吸

育雏舍适宜的温度见表3-6。

表3-6　育雏舍适宜的温度　　　　单位：℃

时　间	温　度	时　间	温　度
1～3日龄	35～33℃	4周龄	26～24℃
4～7日龄	33～31℃	5周龄	23～21℃
2周龄	31～29℃	6周龄	23～21℃
3周龄	29～27℃		

注：表中温度是指雏鸡活动区域内鸡头水平高度的温度。

（2）湿度　雏鸡较适宜的相对湿度是55%～65%。1～2日龄湿度稍高些为60%～70%，10日龄以后为50%～60%。湿度的高低会对雏鸡的健康和生长产生较大影响：①湿度过大，雏鸡散热、呼吸会变困难，而且还会促进真菌、寄生虫和细菌的生长繁殖引发雏鸡患曲霉菌病、白痢、球虫病等疾病；②湿度过低，易造成空气中的灰尘飞扬，引发鸡只患呼吸系统疾病。

育雏前期鸡舍内湿度偏低可通过向地面洒水、煤炉上烧水等措施来增加湿度（图3-84至图3-86）。育雏中后期环境湿度变大，要注意防潮，及时更换垫料，以免腐败、发霉。

图3-84　地面洒水增加湿度

图3-85　煤炉烧水加湿

图3-86　简易全密闭鸡舍内的加湿设备

2.通风的控制技术　育雏期间以保温为主，但不能忽略通风工作。通风的目的是为了防止舍内有害气体浓度过高。雏鸡生长发育快、代谢能力强，每天要排出大量的水分、二氧化碳，且雏鸡粪便发酵后，分解产生氨气和硫化氢等有害气体。如果不注意通风，这些有害气体对雏鸡的健康是非常有害的。因此，在舍内温度正常的情况下，应增加通风换气量。随着雏鸡日龄的增大，应适当增大通风换气面积，以饲养人员进入鸡舍后感觉舒适，没有强烈的刺鼻气味为宜。

通风换气分自然通风和机械通风，机械通风效果更好些。通风换气时要依据雏鸡的日龄、体重，随季节温度变化而调整。夏季加大通风量以降温，冬季既要保温又要通风。冬季通风之前，应先提高育雏舍温1～2℃，通风时间最好选择在中午前后，天气晴好时进行，待通风完毕后，基本降至原来的舍温。无论哪种通风形式，都要求在鸡体水平方向提供稳定的气流和风速，杜绝贼风，不要让气流直吹鸡群，使雏鸡受凉。育雏舍为密闭式鸡舍的，应在雏鸡5日龄启用风机换气，且每次时间不能太长，次数随日龄增大而增加（图3-87、图3-88）。

图3-87 开放式鸡舍可利用自然通风进行通风换气

图3-88 密闭式鸡舍可用风机进行通风换气

3.光照的控制技术 光照对鸡的繁殖机能影响较大。光照对雏鸡、育成鸡的影响主要表现在两方面：①光照时间长短。光照时间过长，会使鸡提前性成熟，过早产蛋、产小蛋，降低产蛋持续性。②光照强度。光照太强会引起啄癖、啄趾、啄肛等恶癖。对于初生雏鸡，光照主要影响其采食和休息。

（1）育雏期光照原则 ①育雏初期采用较强光照，以便雏鸡找到水源和饲料（图3-89至图3-91）；②育雏中后期要采用弱光，避免强光，以防各种啄癖发生；③育雏期内光照时间只能减少，不可增加；④人工补充光照不能时长时短，以免造成光照刺激紊乱，失去光照作用；⑤黑暗时间避免漏光。

图3-89 育雏初期采用较强的光照

图3-90 育雏舍均匀分布照明用节能灯和白炽灯

图3-91 安装鸡舍光照控制仪控制光照时间

（2）光照强度的调节方法 ①改变灯泡瓦数。初期用瓦数大的，后期改为瓦数小的。②控制开灯的数量。在每条光线通道内设单、双数灯头各自独立的开关系统，可通过调整几条或某条通道灯光中单数灯头或双数灯头的办法来控制光照强度。③采用调压方法进行调节。可用调压变压器来改变灯光的光照强度。

（3）光照制度

1）密闭式鸡舍的光照制度　见表3-7。

表3-7　密闭式鸡舍的光照制度

周　龄	光照时间
1～3日龄	每天24小时光照
4日龄至2周龄	每天减少1.5小时的光照时间
3～18周龄	每天保持8～9小时光照
18周龄开始	使用产蛋期光照制度

2）开放式鸡舍的光照制度　开放式鸡舍需根据出雏时间、当地实际日照情况，光照管理程序等原则，制定不同的光照程序，见表3-8。

表3-8　开放式鸡舍的光照制度

5月4日至8月25日出雏	8月26日至次年5月3日出雏	
	光照时数恒定法	光照时数渐减法
0～1周龄22～23小时； 2～7周龄自然光照； 8～17周龄自然光照； 18周龄后每周增加光照0.5～1小时至16小时恒定	查出生长期所处最长的自然光照时数； 1～3日龄24小时光照； 4日龄至17周龄恒定生长期间最长的自然日照时数，不足部分用人工补够； 18周龄再逐渐增加光照至16小时	查出生长期所处最长的自然光照时数； 1～3日龄24小时光照； 4～14日龄每天光照时数为生长期最长的自然日照时数加5小时； 从2周龄起，每周减少20分钟，减到生长期最长的自然日照时数； 18周龄后，再逐渐增加光照至16小时

3）人工补光注意事项　开放式鸡舍进行人工补充光照时，应注意开、关灯要准时，最好使用定时器，早晚均应补充光照，不宜只在早晨或晚上进行补充。要定期清洁灯泡，以保证其正常亮度。

（四）密度的调整

单位面积能容纳的雏鸡数量即为密度。饲养密度是否恰当，与雏鸡发育和鸡舍利用率密切相关。饲养密度过大，易造成室内有害气体增多，空气湿度增大，垫料潮湿，不利于雏鸡健康成长，而且鸡只拥挤，易导致抢食、啄癖、采食不均，造成雏鸡整齐度差、发病率、死亡率高。饲养密度过小，虽有利于提高雏鸡的成活率，但饲养成本相对增加，且不利于保温，经济效益降低。因此，为了保证适宜的饲养密度，应根据雏鸡日龄大小、品种、饲养方式、季节和通风条件及时进行调整（图3-92）。不同饲养方式下适宜的饲养密度见表3-9。

图3-92　适宜的雏鸡的饲养密度

表3-9　不同饲养方式下适宜的饲养密度 单位：只／平方米

饲养方式	饲养密度		
	0～2周龄	3～4周龄	5～6周龄
地面平养	30	25	20
网上平养	40	30	25
笼养	60	40	30

八、日常管理

（一）观察鸡群

要养好雏鸡，必须善于观察鸡群。通过观察鸡群的精神状态、采食和饮水、粪便、眼神、听力等情况，及时了解雏鸡健康状况是否良好，饲料配方是否合理，舍内环境是否舒适等，进而采取相应的技术措施。

图3-93　健康的雏鸡

1.**观察雏鸡的精神状态** 健康的雏鸡精神良好，活泼好动，羽毛整洁。如果雏鸡精神不好、不活动、怕冷、羽毛松乱，则可能是温度不够或有病（图3-93）。

2.**观察采食情况** 主要是在早、晚观察雏鸡的采食情况，健康雏鸡食欲旺盛，晚上检查时嗉囊饱满，早晨喂料前嗉囊是空的，这说明雏鸡食欲正常（图3-94、图3-95）。如果发现雏鸡嗉囊有残留食物、食欲下降、剩料较多，则应考虑是否以下环节出了问题：①饲料质量下降，饲料品种或饲喂方法突然改变；②饲料霉变、有异味；③温度不正常，饮水不充足或饲料中长期缺乏沙砾；④考虑雏鸡睡眠是否不好，消化不良或是否患有其他疾病。

图3-94 观察雏鸡的采食

图3-95 鸡吃饱后的嗉囊状态

3.**观察饮水** 若发现鸡群饮水过量，就应考虑育雏温度是否过高、相对湿度是否过低，或饲料中食盐含量是否过高、是否使用了劣质的咸鱼粉等。鸡只发生球虫病或传染性法氏囊病时饮水量也会增加（图3-96）。

4.**观察粪便** 一般在早晨进行，主要观察粪便的形状及颜色。正常雏鸡粪便为灰白色，其上有一

图3-96 观察雏鸡的饮水

层白色尿酸盐沉积，稠稀适中，形状成团或条状。有时排出的是盲肠的粪便，呈黄棕色糊状，也属于正常。若粪便稀，则可能是雏鸡饮水过多、

消化不良所致，此时应检查舍内温度和饲料状况。雏鸡患球虫病时，其粪便为红色或带肉质黏膜；患鸡白痢时，粪便中尿酸盐增多，为白色稀粪，附于泄殖腔周围；患传染性法氏囊病时，粪便为水样。

5.观察鸡只有无恶癖 即有无啄羽、啄肛及其他异食现象，以便及时判断雏鸡日粮营养是否平衡，环境是否适宜。

（二）做好详细的生产记录

育雏期还要做好日常的记录工作。对每一批育雏鸡都要记录进雏日期、品种、数量、舍温变化、死亡淘汰数量及原因、进料量、投药与免疫日期、异常情况等。这种必要的日常记录，有利于分析问题和检查育雏效果（图3-97）。

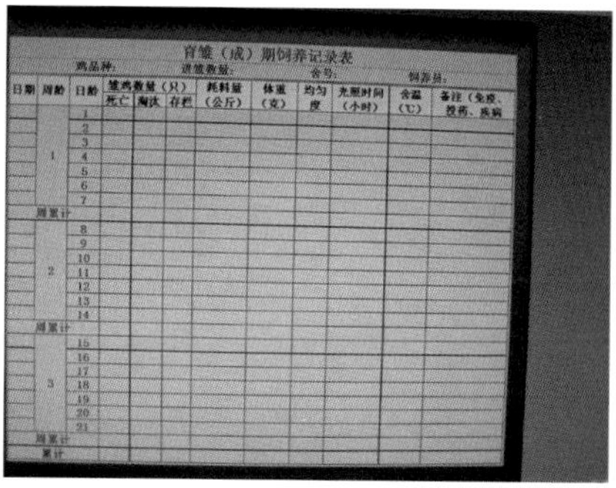

图3-97 做好育雏（成）期的生产记录

（三）及时分群

分群饲养的目的是提高鸡群的整齐度，保证鸡只体重达标。在整个育雏期里，要进行数次分群：首先，在雏鸡1日龄当天，可将体质弱小的雏鸡挑出，放在靠近温度较高处，这样有利于雏鸡卵黄的吸收。

4日龄左右，由育雏人员逐只挑选雏鸡进行第二次分群。手握雏鸡，感觉其活泼好动、挣扎有力、温暖、眼睛明亮、叫声清脆的，将其留在笼内继续饲养；而手握雏鸡，感觉瘦弱、体凉、轻飘无力的，应将其挑出，放在上层单独饲养，通过增加营养、增加料盘使用天数、饲喂湿拌料等方法来提高育雏成活率。

育雏前3周要及早分群。因为密度过大，鸡群采食时会相互挤压，采食不均，极易造成雏鸡大小不均匀，生长发育受阻，甚至发生啄肛、啄羽等现象。一般养殖户可以在7～10日龄进行断喙时，将鸡群按体重大小分群，大雏放下层，小雏、弱雏放上层或中层。

育雏期末的鸡群，可按照标准体重将鸡群再次分为大、中、小3组。具体方法：①先进行鸡群平均体重测定，称测体重的数量为每1万只鸡按1%抽样；小群按5%抽样，但不能少于50只，抽样要有代表性。②逐只称重，按照个体体重超出平均体重10%、个体体重低于平均体重10%、

个体体重在平均体重±10%范围内
三类，将鸡只进行分群饲养。且把
特别大的或特别小的单独饲养，减
少大鸡欺负小鸡的现象，让鸡只公
平竞争采食，提高均匀度。挑出的
小鸡可根据体重增长速度，补给大
鸡日耗料的30%～100%，不能恶
补、猛补（图3-98）。

图3-98 育雏期末结合转群，将鸡群按
照标准体重进行分档

（四）免疫接种与预防疾病

适时免疫接种是预防传染病的一项极为重要的措施。育雏期间，需
要接种的疫苗很多，必须编制适宜的免疫程序。生产实践中没有普遍实
用的免疫程序，必须根据当地的疾病流行情况、雏鸡的抗体水平及疫苗
的使用说明，制定符合本场的免疫程序。

常用的基本免疫方法有个体免疫法和群体免疫法。个体免疫包括注
射、滴鼻、点眼、刺种免疫。群体免疫包括饮水、气雾、拌料免疫（图
3-99至图3-108）。

除了采取免疫接种来预防疾病外，还应采取以下措施做好鸡舍的消
毒卫生工作：

每天按时清理粪便，并将鸡粪送至粪污处理区进行无害化处理；水
槽每天必须刷洗消毒，以减少病原微生物的生长繁殖；料槽要定期洗刷
消毒；制定严格的消毒制度，鸡舍和周围环境每周消毒1次，带鸡消毒

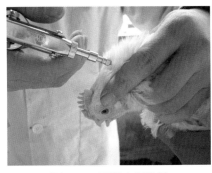

图3-99 颈部皮下注射

图3-100 双翅间皮下注射

图3-101　胸部肌内注射

图3-102　大腿外侧肌内注射

图3-103　滴嘴

图3-104　点眼

图3-105　刺痘

图3-106　滴鼻

图3-107　喷雾免疫

图3-108　饮水免疫

1～2次，喷雾高度以超出鸡背20～30厘米为宜，有疫情时要增加消毒次数（图3-109）。在疫病高发期，可进行预防性投药，所选药物必须符合《无公害食品蛋鸡饲养兽药使用准则》的要求。

图3-109　带鸡消毒。喷雾高度以超过鸡背部20～30厘米为宜

（五）采用"同源引种、全进全出"制度

鸡场全部从一个固定的优秀种鸡场签订合同，购买雏鸡，任何情况下都不允许从两个不同的鸡场购买雏鸡，以避免疫病传播。全进全出制度是同一鸡场或同一鸡舍在同一时间饲养同一日龄的鸡，采用统一的饲料、统一的技术管理措施、统一的免疫程序，最后，统一淘汰。这样有利于鸡舍的彻底打扫、消毒和防疫，同时也为饲养好下一批鸡做好准备。

育成期是指从7周龄开始到20周龄结束这一阶段。雏鸡进入育成期后，随着日龄的增大，其采食量也增加，消化能力和对外界环境的适应力增强，鸡体各系统进入了旺盛的发育阶段(图4-1)。

一、育成期的培育目标

（1）体重达到本品种标准，鸡群的均匀度在80%以上

（2）鸡只健康、生长速度均匀，具有健壮的体格

（3）适时性成熟 鸡只达到性成熟时，具有发育正常的体型，体重达标、胫长达标(图4-2)。

二、育成鸡的特点

图4-1 育成鸡对环境有较强的适应力

图4-2 体重达到标准，均匀度达80%的18周龄的笼养育成鸡

1.体温调节能力增强，对环境有较强的适应力 育成鸡的羽毛丰满，可以抵抗低温。舍温10℃以上，不必采取供暖措施。

2.消化器官生长迅速，消化能力强 育成前期鸡的消化器官生长速度非常快，育成中期肠道仍生长比较快。鸡的消化能力日趋完善。

3.肌肉和骨骼处于旺盛的生长阶段 育成前期鸡的肌肉、骨骼生长

速度快，育成中期骨骼的生长速度明显减慢，肌肉生长仍然很快。

4.育成后期，生殖器官进入快速生长阶段，脂肪沉积能力明显增强　育成后期大部分器官的生长基本结束，但生殖系统的发育开始加快。脂肪沉积能力明显增强。10周龄后，小母鸡卵巢上的滤泡开始积累营养物质，滤泡逐渐长大，12周龄后性器官发育迅速，对光照时间长短非常敏感，若不限制光照，则会出现过早产蛋的情况。因此，应避免性器官过早发育，以防早产，影响鸡只产蛋性能的充分发挥（图4-3、图4-4）。

图4-3　发育达标的10周龄后备鸡

图4-4　适时性成熟的18周龄后备鸡，鸡冠是其性成熟的标志之一

三、育成鸡的饲养方式

育成鸡的饲养方式分为地面、网上和笼养三种。目前，笼养是主要的饲养方式。小规模养殖户一般采用育雏育成一体化舍内笼养方式，将育成鸡养至18或20周龄后再转入产蛋鸡舍进行饲养。笼养根据实际情况可以选择两层、三层、或三层以上全阶梯、半阶梯或全重叠方式。无论采取哪种方式，公母都要分开饲养（图4-5A、图4-5B）。

育成期鸡的饲养密度一定要适宜。密度小会造成饲养面积浪费；密度大，鸡只活动空间小，过于拥挤会造成鸡群生长发育不整齐，易出现啄癖、羽毛残缺不全、秃头、秃尾、光背等现象（图4-6、图4-7）。适宜的饲养密度见表4-1。

图4-5A 地面平养的青年鸡

图4-5B 三层全阶梯笼养育成

图4-6 白壳蛋鸡合理的鸡只占笼面积

图4-7 褐壳蛋鸡合理的鸡只占笼底面积

表4-1 育成期适宜的饲养密度　　　　单位：只／平方米

饲养方式	饲养密度	
	8 ～ 12周龄	13 ～ 18周龄
地面平养	7 ～ 10	6 ～ 9
网上平养	9 ～ 10	8 ～ 9
笼养	36 ～ 42	28 ～ 35

四、雏鸡向育成期的过渡

（一）逐步脱温

育成舍一般不安装供暖设备，尤其是冬天，育成舍温度在0℃以下，与育雏舍温差很大。为避免转群给鸡群造成太大应激，转群时，应逐步脱温，可以在转群前几天逐渐降低育雏舍的温度，使其与育成舍温度相衔接，只要昼夜温度稳定在18℃以上，即可撤温。冬季在进鸡前2天要给育成舍预加温，减少鸡群的应激反应。

（二）日粮过渡

育成鸡对饲料营养的要求比雏鸡低，特别是对蛋白质和能量水平要求较低，因此，需要更换饲料。但是突然换料会加大雏鸡的应激反应，应逐步更换饲料。换料时间应以体重、胫长为标准，当鸡群育雏期末平均体重和胫长达标时，即可将育雏料换为育成料；不达标的可延缓更换饲料的时间，利用雏鸡8～12周龄体重快速增长的潜力，加喂到10～12周龄，使体重在10～12周龄达标；这两项指标超标时，换料后保持原来饲喂量，并限制以后每周饲料的增加量，直到恢复标准为止。换料的方法见表4-2。

表4-2 换料的方法

单位：天

换料方法	育雏料＋育成料	饲喂时间
第一种	2/3+1/3	1～2
	1/2+1/2	3～4
	1/3+2/3	5～7
第二种	1/2+1/2	7

（三）转群

传统的三段式蛋鸡场设计有三种鸡舍，育成阶段需要两次转群。目前两段式的饲养方式，一般不另配置专门的育成笼舍，雏鸡在育雏舍养到10周龄左右转入永久性产蛋鸡舍。这种饲养方式只需要一次转群。

1.转群前准备 ①完成对育成鸡舍（产蛋鸡舍）及设备的检修、清洗和消毒工作，（具体步骤可参见育雏舍的清扫消毒，前已述。）此工作在转群前1个月进行（图4-8）；②冬季或早春，如果育成鸡舍（产蛋鸡舍）温度过低，还应采取加温措施使舍温升至标准温度；③转群前准备好1～2周的过渡料，以减少因改变饲料而带来的应激（图4-9）；④结合转群，对鸡群进行检查筛选，强弱分群、健康活泼的鸡只转群，体重较小的鸡只挑选出来，单独饲养，其他的残次鸡要淘汰；⑤准备好运输工具并进行消毒，落实转群人员和饲养人员。饲养人员要经培训，要掌握育成鸡生长发育特点和饲养管理技术，同时还要了解育成鸡转群前的一些情况，如发生过什么疾病，有无免疫注射等，以便转群后鸡只出现情况时，能够及时应对。

图4-8 转群前1周完成对育成舍的消毒准备工作

图4-9 转群前料槽内备好过渡饲料

2.**转群注意事项** ①转群前后在饲料中添加一些维生素或抗应激药物；②转群前6～12小时停料，但不停水；③雨雪天不转群，天气冷时可在中午暖和时转群，热天可在早、晚较凉爽时转群；④抓鸡时要轻抓慢放，抓住鸡腿，不可抓鸡颈部或双翅，以防把鸡扭伤或造成骨折（图4-10）；⑤装笼时密度要适宜，以防将鸡压死、闷死；⑥雏鸡转群后，由于环境的改变而显得惊慌，饲养人员在鸡舍作业时要保持安静，动作要轻，以防鸡群受惊；⑦转群后应及时为鸡只提供饲料、饮水，1周内要细心观察鸡的采食、饮水是否正常，发现问题及时处理（图4-11）。

图4-10 正确的抓放鸡动作

图4-11 刚转入育成鸡舍内的鸡群应立即吃到饲料、喝上水

五、育成期的饲养技术

（一）育成期的营养需要

育成鸡饲料中的营养必须满足鸡体各器官迅速生长的营养需要及鸡体的维持需要。但是，如果给予育成鸡过高水平的能量和蛋白质，则容易引起其早熟和过肥，育成期饲料中矿物质含量要充足，钙磷比例应保持在（1.2 ~ 1.5）：1，钙磷比例若过量易引起育成鸡骨骼过早沉积钙，进而影响产蛋期鸡只对钙的吸收和代谢。若缺钙，则易患软骨病。

（二）限制饲养

1.限制饲养的目的

（1）适时性成熟 营养对鸡的性成熟影响很大。育成鸡在自由采食状态下都有过量采食而致肥和早熟的倾向，这样往往使得开产不整齐和产小蛋的时间长，影响产蛋持久性。当育成鸡代谢能超过标准时，会使鸡腹脂沉积过多，在产蛋期易发生脱肛、脂肪肝等疾病，且生产性能不高，死淘率高。当粗蛋白质超过标准时，鸡的发育快，性成熟早，鸡瘦弱，易出现小鸡产大蛋，鸡难产、成活率低等现象。因此，防止过早性成熟是限饲的主要目的之一。通过限饲，可控制鸡的生长，使其性成熟推迟5 ~ 10天，使卵巢和输卵管得以充分发育，机能得以增强，从而使性成熟和体成熟同步，减少产蛋初期小蛋的数量。

图4-12 通过限制饲养可培育出体重达标、整齐度高、健康适时开产的育成鸡，同时还可节约饲料

（2）控制体重 通过限饲可以降低鸡体脂肪积蓄，达到鸡只开产标准体重，提高鸡只进入产蛋期后的生产能力（图4-12）。

（3）节约饲料 通过限制饲养可以减少育成鸡的采食量，节省5% ~ 10%的饲料。

（4）及时淘汰病鸡和弱小鸡 限饲期间可以及时淘汰病鸡和弱小鸡，

从而提高产蛋期的成活率、饲料利用率。

2.限制饲养的方法　限制饲养的方法分限量饲喂和限质饲喂两种。

（1）限量饲喂　鸡只的采食量比自由采食量减少10%～20%，要掌握鸡的正常采食量，同时准确称量每天的饲喂量，保证日粮的质量符合要求。又分为：①每周限制饲喂，将1周限定的饲料量平均到5天饲喂，有2天停料不停水；②每日限制饲喂，将每日限定的饲料量一次投喂，只给料一次。

（2）限质饲喂　是限制日粮中能量和蛋白质的摄入量，增加纤维素，降低能量、蛋白质和氨基酸含量，通常蛋白质降至13%～14%，代谢能比正常低10%，赖氨酸含量降到0.4%。

3.限制饲养注意事项

（1）定期称重　1周或隔周称重，若鸡只平均体重超过品种要求的标准体重则继续限饲；若鸡只平均体重低于标准体重则暂停限饲（图4-13）。

（2）实行限制饲养，一定要为鸡只提供足够的食槽，让整个鸡群都能吃上饲料，以保证整体的均匀度(图4-14)。

图4-13　育成鸡的称重

图4-14　提供足够的食槽，让每只鸡都能吃上料，以保证获得高的均匀度

（3）在鸡群发生疾病或进行免疫注射时，要停止限饲，待鸡群恢复正常时再进行限饲。

（4）蛋鸡一般从7～8周龄开始限饲，17周龄后停止限饲。

（5）注意生产成本，不可盲目限饲。若因限饲不当，造成鸡只死亡率增加、生产力下降，就会增加成本。因此，当环境不好、鸡只体重较轻时，不可进行限饲。轻型蛋鸡品种一般不要求限饲，中型蛋鸡可根据技术要求进行限饲，使其体重在开产前达到标准体重。

六、育成期的管理技术

（一）体型发育的控制

1.体型的发育规律　6～8周龄前，鸡只的发育主要集中在内脏器官，增重不明显；此后至12周龄，除内脏器官外，鸡只的肌肉、骨骼生长速度也非常快，增重快；13～14周龄，鸡只的骨骼基本成形，增重开始缓慢减少，整个体重的增加一般在36～38周龄基本结束。育成后期，鸡只的大部分器官基本停止生长，但生殖系统进入快速生长阶段，脂肪沉积能力随着日龄的增加而增强。

因此，鸡只体型发育规律为：育成前期着重于骨架的发育，后期着重于体重的增长。后期，鸡只保持一定程度的增重有助于其生殖系统的正常发育，但要控制增重，避免性器官过早发育。育成鸡的标准体重及耗料量见表4-3。

表4-3　育成鸡的标准体重及耗料量

周 龄	周末体重 （克／只）	耗料量 [克／（只·周）]	累计耗料量 （克／只）
8	615	329	1 652
9	700	357	2 009
10	785	385	2 394
11	875	413	2 807
12	965	441	3 248
13	1 055	469	3 717
14	1 145	497	4 214
15	1 235	525	4 739
16	1 325	546	5 285
17	1 415	567	5 852
18	1 505	588	6 440
19	1 595	609	7 049
20	1 670	630	7 679

2.控制体型的原因 体型是骨架与体重的综合表现，正常的体重需建立在良好的骨骼上。发育良好的骨架是维持未来正常产蛋及蛋壳质量的必要条件。骨架小而相对体重大的鸡过胖，这种体型的鸡产蛋表现不理想，会早产、脱肛多，且产蛋初期母鸡的死淘率高；骨架大而体重小的鸡过瘦，这种体型的鸡

图4-15 定期监测体重，使育成鸡体重达标

产蛋会延迟、高峰指标低且总产蛋的枚数少、平均蛋重小。因此，要想达到高产、稳产的目的，必须定期监测鸡只体重、胫长发育情况，从控制体重、骨架两方面入手，努力培育体型理想的后备鸡群(图4-15)。

3.体重、胫长达标的管理措施

（1）控制饲料质量，确保营养全价、均衡 只有提供营养全价、均衡的饲料，才能保证鸡只育成期体成熟与性成熟的同步发育、同步达标。育成期一般换2次料，一次在12周龄，一次在18周龄。对于体重、胫长达标的鸡群可在12周龄将育成前期料换为育成后期料，过渡期为1周，过渡期内可将育成后期料按1/3、1/2等比例逐步替换育成前期料。18～19周龄将育成后期料换为产蛋期饲料，换料方法同前(图4-16)。

（2）8周龄鸡只体重不达标，可推迟育成期料的供给 由育雏舍转育成鸡舍后，如果鸡只体重不达标，可增加饲喂量和匀料次数，仍然不达标的，则可推迟育成期料的供给，利用8～12周龄鸡只体重快速增长的潜力加喂至10～12周龄，使鸡只体重在10～12周龄达标(图4-17)。

图4-16 提供营养全价、均衡的配合饲料，做好过渡期的换料工作

图4-17 8周龄鸡只体重不达标，可继续使用雏鸡饲料

（3）**主抓三方面达标** ①8周龄体重和胫长达标。②8～12周龄的体重和胫长达标。③育成后期的体重达标。胫长的测定随体重的称量而进行（图4-18A、图4-18B）。

图4-18A　8周龄体重和胫长达标

图4-18B　育成后期体重要达标

（4）**定期称重，分群饲养**　在条件允许的情况下，应定期抽测鸡只体重，每周或隔周1次，随机抽取鸡群的5%，多点进行抽取。称重最好安排在相同的时间。根据称重结果，计算出鸡只平均体重和均匀度。同时，将鸡只按体重大小及时分群饲养。针对不同群体采取不同的饲喂方法，确保鸡只体重全部达到标准范围以内（图4-19）。

图4-19　分群饲养

（二）均匀度的控制

均匀度是建立在标准体重范围内的，是反应鸡群优劣和鸡只生长发育一致性的标准。一般来说，后备鸡的均匀度越高，就越容易管理。鸡群开产越整齐，蛋重大小越一致，产蛋高峰来得越快高峰越明显，总产蛋量也越多（图4-20A、图4-20B）。

1.**均匀度的测定**　鸡群的均匀度＝平均体重±10%范围内的鸡只数/随机取样的总鸡只数×100%。鸡群越小，随机取样比例越高，见表4-4。

图4-20A 标准体重范围内，后备鸡的均
匀度越高，将来产蛋量越高

图4-20B 均匀度差，未来产蛋高
峰不明显，产蛋量少

表4-4 随机抽样鸡群大小

随机抽样鸡群大小（只）	500	1 000 ~ 2 000	5 000 ~ 10 000
抽样比例（%）	10	5	2

例如：一个2 000只鸡的鸡群，按5%抽样称重100只，平均体重为1 200克。超过和低于平均体重±10%范围是：

1 200 + 1 200 × 10% = 1 320克 1 200 − 1 200 × 10% = 1 080克

如果在抽样称重的100只鸡中，体重在1 080克至1 320克范围之间的鸡数为80只，则此鸡群的均匀度 = 80 ÷ 100 × 100% = 80%。

均匀度≥80%表示均匀度良好，均匀度75%~80%为合格，均匀度≤75%表示均匀度较差。

2.提高均匀度的措施

（1）及时调整鸡群，根据体重调整饲喂量 在育成期的饲养管理过程中，鸡群中难免会出现体重较轻的鸡只，所以育成阶段要注意观察鸡群，根据鸡只体重及时分群，把体重过小和体重过大的鸡只挑出，分开饲养。挑选时，要结合免疫在喂料后0.5小时后进行，以减少鸡群的应激反应。尽量在12周龄以前挑出弱小的鸡只放到温度、光照较好的笼位进行集中饲养，以期在14周龄达到标准体重。

将鸡群按体重大小分成3组后，可依其所需分别饲喂：①体重符合标准的鸡只继续采用标准饲喂量进行饲喂。②体重过小的鸡只可通过以下方法使体重达标：提高饲料的能量水平，降低粗纤维含量，促进鸡采食更多能量，增加体重；增加饲喂量和饲喂次数；在饲料和饮水中加入

图4-21　根据体重，调整饲喂量使育成鸡体重正常

适量的维生素或葡萄糖，增加营养；为了刺激鸡只采食，可少喂勤添或饲喂湿拌料；推迟换料时间，使鸡只体重迅速增加，达到标准体重。③体重过大超出标准10%以上的鸡只，可采用限制饲养，减缓其生长速度，使其体重尽快降至标准范围内（图4-21）。

（2）喂料快速、均匀　只有保证每只鸡获得均衡、一致的营养，才能使鸡群达到较高的均匀度。喂料要快速，否则吃得快的鸡会追吃后加的料，导致其采食量过多。每次喂料后要均料4～5次，要经常检查食槽里的饲料情况。如发现有的槽段无料，有的还较多，则要把料匀开，防止有些鸡吃得多，而有些鸡采食不足。一般以第二天喂料前料槽内饲料基本吃净为好（图4-22、图4-23）。

图4-22　保证每天净槽一次

图4-23　每天要勤均料

（3）保证饮水、采食空间充足　要保证供给鸡只清洁、充足的饮水，饮水系统要清洁干净，定期用消毒剂消毒。采食、饮水空间要充足，要均匀配置采食、饮水空间，保证每只鸡都充分采食、饮水充足（图4-24A、图4-24B）。

（4）降低饲养密度　当鸡群的均匀度低，而又无法挑鸡时，例如网上平养，可以通过降低饲养密度提高鸡群均匀度。

（5）强化管理　保证鸡舍内温度均衡，定期检查鸡群的健康状况，

图4-24A 均匀配置采食空间，保证每只鸡都采到食

图4-24B 保证供给鸡清洁、充足的饮水

确保饲料搭配合理、能量足够。特别需要注意的是断喙不当是造成鸡群均匀度差的主要原因之一，因此，鸡只14～16周龄，应挑出早期断喙不当或遗漏的鸡进行补断，以免造成有些鸡采食困难，影响鸡群的均匀度（图4-25A、图4-25B）。

图4-25A 正确断喙后，成年鸡的喙部形状

图4-25B 早期断喙不当，会造成成年鸡只采食困难，应于14～16周龄进行补断

（三）性成熟的控制

现代蛋鸡具有早熟性，必须光照控制和限制饲养相结合，才能有效地

图4-26 严格的光照制度是控制性成熟的有效措施

控制其性成熟，两者缺一不可。只强调光照控制，当鸡群体重不达标时增加光照时间，结果只会造成开产鸡的蛋重小，脱肛现象严重；而只强调限制饲养，虽然鸡的体重已经达到开产日龄的标准体重，但不开产，说明光照时间不足，性器官发育受到影响（图4-26）。

1.光照控制 光照是促进鸡体生殖系统发育的重要因素。母鸡性成熟日龄与育成后期光照制度有很大关系，特别是10周龄以后，光照对育成鸡的性成熟影响很大。如果育成后期光照时间10小时或多于10小时，则母鸡开产早，但鸡体还未发育成熟，特别是骨骼和肌肉，这样就会出现早产早衰，甚至有些母鸡在产蛋期间出现过早停产换羽的现象。如果光照时间不够，则会延迟产蛋，鸡已达成熟体重但不开产。因此，育成期光照原则为：光照时间要短，应保持恒定或逐渐减少，绝对不能延长，最好控制在每天8～9小时，光照强度不能增加，以5勒克斯为宜。

2.限制饲养 在鸡群平均体重超过品种标准体重时，方可采取限制饲养。限制饲养的目的、方法及注意事项前已叙述。

（四）日常饲养管理

1.喂料及饮水 雏鸡刚转入育成舍时，饲料不能突然更换，应根据体重和胫长情况逐步换料。喂料次数：前期每天喂2～3次，后期每天喂1～2次。每次饲喂间隔中间可均料一次，应经常检查食槽内的饲料是否均匀，如果有的槽段积料较多，有的槽段剩料不多，则需把料匀开，以保证鸡只均匀采食饲料，鸡群发育整齐。每天最好在下午四五点净槽一次。人工喂料时，要注意不能撒料。除保证每只鸡应占有10～15厘米长的食槽外，还应留有10%的槽位以保证每只鸡都有足够的采食空间。

饮水时，无论采取哪种方式都要保证鸡只有充足干净的饮水，要有足够的饮水空间，应保持饮水器位置固定不变，且每天坚持清洗一次饮水器；使用乳头饮水器的还要定期检查乳头是否被堵，发现有渗漏时要及时维修，并定期清洗水箱。环境温度高时，可为鸡只提供凉水，最好在每次喂料前换凉水（图4-27A、图4-27B）。

图4-27A　定期检查乳头是否堵塞　　　图4-27B　定期清洗水箱

2.**调整鸡群**　无论养鸡水平多高，鸡群中都难免会出现体质相对较弱的鸡，如果不及时挑出，势必影响鸡只生长及生产性能的发挥。日常管理中，要注意定期称重，把每次测得的平均体重画出曲线变化图，与标准体重变化曲线作比较，根据比较结果将鸡群分群管理，以保证鸡群有较好的均匀度（图4-28）。

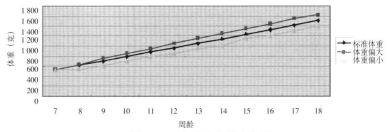

图4-28　育成鸡体重变化图

3.**定期称重**　要坚持每周或隔周称重1次。按5%随机抽样。将抽测结果与标准比较，及时掌握后备鸡的体型发育是否良好、鸡群的均匀度是否达标，以便针对不同情况采取对应措施。

4.**通风换气**　育成鸡适应环境的能力比雏鸡强，但由于其正处在生长发育的旺盛时期，消化力强、排粪多，加上不断更换羽毛，舍内空气比较污浊、尘埃较多，若不注意通风，鸡只易患呼吸道疾病。因此，一定要注意鸡舍的通风换气，为鸡只提供足够的新鲜空气，促进各器官健

图4-29 育成期应每天进行定时通风换气

康发育成熟。

无论采取哪种通风形式，育成舍每天都应定时进行通风换气。换气后的空气以人进入鸡舍后闻不到臭鸡蛋味（硫化氢）、眼睛不流泪（眼睛流泪表示氨气超标）、鼻眼感觉不到不适、不刺眼为宜。

通风换气时要注意整个鸡舍的气流速度要基本一致，无死角、无贼风。在气温较低时进行通风换气，应注意不能让气流直接吹向鸡群，可采取在进风口设置挡风板，改变气流方向的方法来避免鸡只受凉（图4-29）。

5.**温度和湿度的管理** 随着育成鸡日龄的增大，育成舍内温度要逐渐降低。由于鸡没有汗腺，又有羽毛覆盖，表皮蒸发散热微乎其微，只能靠呼吸散发热量、调节体温，所以过高的温度会使鸡群体质变弱。夏天育成鸡舍温度最高不能超过30℃，冬季只要舍温不低于10℃就不必供暖。育成舍的最佳生长温度为21℃，一般控制在15～25℃。

对于刚刚脱温的育成鸡，当遇到寒流时，应采取保温措施，延长供暖时间。育成期要避免急剧的温度变化，日温差应控制在8℃以下。

育成鸡适宜的相对湿度应维持在40%～70%，只要通风正常，一般均可达到。对于地面平养的育成鸡，应勤换垫料，以防垫料过湿增加舍内湿度（图4-30）。

6.**观察鸡群** 育成期要每天仔细观察鸡群，白天应注意观察鸡只采食、饮水有无突然增加或减少，精神状态，粪便情况等；晚上静听鸡只有无呼吸道疾病的异常声音。从鸡的各种表现中可及时发现异常情况，从而及早采取控制措施。

7.**做好卫生防疫工作** 日常生产中要制订卫生消毒制度，坚持每周对鸡舍和周围环境消毒一次，对鸡舍进行带鸡消毒两

图4-30 条件较好的场户可采用自动控温设备以保证鸡舍内环境温度均衡

次。采用多种消毒药品交替使用的方法，每两周更换一次消毒药，以避免产生耐药性。应选用腐蚀性小的消毒药品。有疫情时应增加消毒次数。应及时清粪（尤其是饲养规模较小的养殖户），防止舍内有害有毒气体含量升高诱发鸡只呼吸道疾病。定期对所有工具进行消毒(图4-31A、图4-31B、图4-31C)。

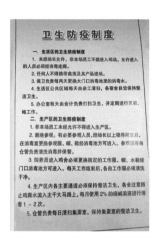

图4-31A　制定卫生防疫制度

图4-31B　制定卫生消毒制度

　　育成期内免疫项目最多、工作量最大，应按免疫程序及时接种，以保证鸡群有较高的免疫力，使鸡只生产性能正常发挥。大多数免疫失败不是免疫方案不正确，而是管理上的失误。如疫苗过期、保存不当、使用不正确等。因此，接种时要使用合格的疫苗，认真核对疫苗名称和免疫剂量，接种方式和时间应完全正确，接种后10天左右需及时检查免疫效果，监

图4-31C　多种消毒药交替使用

测产生抗体的滴度与均匀度，确保免疫达到预期效果。鸡只体重达标、均匀、健康是抗体均匀的基础。

　　8.保持环境安静防止应激　鸡是胆小易惊的动物，要尽量避免外界干扰，捉鸡、注射疫苗时不可粗暴，以免惊群、压死鸡只。不要改变作息时间，饲养人员要相对固定。

蛋鸡

第五章　产蛋期的新技术

　　产蛋期是指从20周龄开始到72周龄结束这一阶段，约1年时间。母鸡产蛋期的长短主要由其产蛋性能决定。

一、产蛋鸡的生理特点

　　1. 产蛋前期生长发育尚未停止　体重是鸡各功能系统重量的总和，是鸡只生长发育状况的综合性指标。刚进入产蛋阶段的母鸡体重仍在继续增长，40周龄时，母鸡生长发育基本停止，增重极少；40周龄后体重的增长多为脂肪的积蓄（图5-1）。

　　2. 生殖系统在产蛋前期发育完善成熟　卵巢、输卵管在鸡只性成熟时生长发育较快。卵巢在性成熟前，重量只有7克左右，到性成熟时迅速增长到40克左右。在卵巢快速生长发育的同时，输卵管也由性成熟前的8～10厘米迅速发育为50～60厘米（图5-2）。

图5-1　刚进入产蛋期的母鸡体重仍在增长

图5-2　生殖系统在产蛋前期发育完善

3.不同阶段的产蛋鸡对营养物质的吸收利用不同　产蛋前期，母鸡体重逐步达到成年鸡的体重，蛋重由初产的40克增至50～60克，产蛋率上升较快。这一时期，产蛋鸡既要增加体重又要增加蛋重，是鸡一生中代谢最旺盛、负担最重的时期，对营养物质的吸收利用率高。而到了产蛋中后期，随着产蛋率的降低，其消化吸收能力减弱，而脂肪沉积能力增强。

4.产蛋具有一定的规律性　产蛋情况的变化反映了鸡的生理变化。现代蛋用品种的产蛋性能在正常的饲养管理情况下都很高，各品种之间差异不大。实践证明，产蛋率50%的日龄以160～170日龄为宜。这样的鸡初产蛋重较大，蛋重上升快，高峰期峰值高，持续时间长。现代蛋用品种，500日龄入舍母鸡的总产蛋量可达18～20千克。正常的产蛋曲线呈现出产蛋率上升快、下降平稳和不可补偿性。开产后，只需3～4周即可达到产蛋高峰；之后，产蛋率缓慢、平稳下降；到72周龄时产蛋率仍可达60%左右，见图5-3。

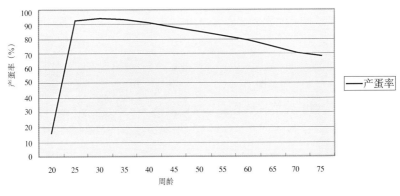

图5-3　现代蛋用型鸡产蛋曲线

二、培育目标

产蛋期的饲养管理目标是为母鸡创造最佳的生产环境，充分发挥其遗传潜力，使母鸡适时开产，较早进入产蛋高峰，延长并稳定高峰期，保持蛋重较大且蛋壳质量较好，生产出更多的鸡蛋，降低鸡只死亡和淘汰率，获得最佳的经济效益（图5-4、图5-5）。

图5-4　创造最佳的生产环境，充分发挥蛋鸡遗传潜力

图5-5　生产出更多的鸡蛋，获得最佳经济效益

三、饲养方式

　　蛋鸡的饲养方式可分为平养和笼养两种。平养是传统的饲养方式，主要有垫料地面平养、网上平养和地网混合饲养三种方式。笼养则是现代集约化管理方式。目前，在生产上普遍应用的是笼养方式。其特点是饲养密度高、节约饲料、便于防病和管理、鸡群产蛋率高，但一次性投资大，对鸡的限制多，易导致鸡肥胖、体弱（图5-6）。

图5-6　四层阶梯式笼养产蛋鸡

　　不同饲养方式下的产蛋鸡饲养密度不同。饲养密度与鸡的生产性能呈负相关，密度越大，鸡的单产越低，死亡率越高。不同饲养方式下合理的饲养密度见表5-1。

表5-1　不同饲养方式的饲养密度　　单位：平方米／只

饲养方式	轻型蛋鸡		中型蛋鸡	
	需要的空间	饲养只数	需要的空间	饲养只数
笼养	0.0380	26.3	0.0481	20.8

（续）

饲养方式		轻型蛋鸡		中型蛋鸡	
		需要的空间	饲养只数	需要的空间	饲养只数
平养	厚垫料	0.16	6.2	0.19	5.4
	60%网面+40%垫料	0.14	7.2	0.16	6.2
	网上平养	0.09	10.8	0.11	8.6

四、产蛋期的饲养技术

（一）产蛋鸡的营养需要

产蛋期的鸡只营养消耗特别大。只有保证鸡只每天都能摄入足够的营养物质，高产才有物质基础。产蛋鸡的营养需要量见本书第六章"蛋鸡的营养需要"。

（二）产蛋鸡的饲养技术

1.分段饲养　根据鸡的周龄和产蛋率可将产蛋期分为几个阶段，并依据环境温度，在不同的阶段喂给含不同营养水平蛋白质和能量的日粮。这种既满足营养需要又不浪费饲料、节约成本的方法叫分段饲养。

目前常用的是三段制饲养法。即从开产至42周龄为第一阶段，43～58周龄为第二阶段，59周龄以后为第三阶段。

2.适时调整饲养　分段饲养的营养标准只是规定标准条件下营养需要的基本原则和指标，而在实际生产中，还需根据饲粮能量水平、环境温度、蛋鸡的体重、产蛋率等对产蛋鸡的营养需要进行适当的调整，这种方式称为调整饲养。调整饲养时，必须以饲养标准为基础，尽量维持原配方的格局，保证日粮营养平衡，不能大增大减，不能因饲料调整而使鸡产蛋量下降。

调整方法主要有：①根据鸡只18周龄的体重进行调整。若18周龄末的体重达不到标准体重，则应提高饲料中的蛋白质水平，控制在18%左右，使鸡只达到标准体重。②根据季节、气温变化调整。高温炎热时，可提高日粮的蛋白质水平；低温寒冷时，可降低日粮的蛋白质水平。

③根据鸡群异常状况和采取管理措施时调整。鸡群发病时，可提高蛋白质1%～2%，多种维生素0.02%。开产初期，脱肛、啄肛严重时，可加喂1%食盐1～2天。断喙当天或前后1天，每天饲料中添加5毫克维生素K。断喙1周内或接种疫苗后7～10天内，日粮中蛋白质含量应增加1%。

五、产蛋鸡的管理技术

（一）阶段管理技术

针对三阶段饲养法，可将产蛋鸡的管理划分为产蛋前期、中期和后期的饲养管理。

1.产蛋前期的饲养管理 从开产到42周龄为产蛋前期。产蛋前期是母鸡从育成期向产蛋期过渡的重要阶段，其主要特点是：①前期的前几周母鸡的产蛋率快速上升，其余时间都处于产蛋高峰期，而且自身体重和蛋重也都在增加。以海兰褐商品蛋鸡为例，在良好的饲养管理条件下，22周龄产蛋率达60%，23周龄达到80%，24周龄产蛋率达90%，90%以上产蛋率可维持19周左右，42周龄时产蛋率约为90%。平均蛋重也由19周的46.2克／枚增加到42周龄的64.5克／枚，见图5-7、图5-8。②产蛋

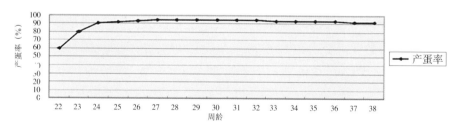

图5-7　海兰褐商品蛋鸡产蛋率变化曲线

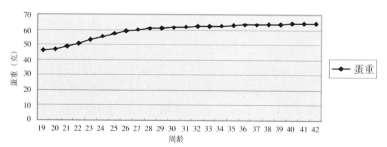

图5-8　海兰褐商品蛋鸡蛋重变化曲线

前期母鸡的体重仍处于增长阶段，一般36周龄才达到体成熟，40周龄时生长发育基本停止。

针对这样的特点，产蛋前期的饲养管理要点是做好开产前后和高峰期的管理工作。

（1）开产前后的饲养管理　此阶段从20周龄开始，到产蛋率85%之前结束。开产前后的母鸡繁殖功能旺盛，一方面要提高产蛋率，另一方面母鸡体重、蛋重每周都在增加，因此，加强饲养管理，满足母鸡产蛋和增重的双重需要是此阶段的重要任务。这一时期，日粮的粗蛋白质水平为16%～18%，每日应喂给鸡18克优质蛋白质，1.26兆焦代谢能。

1）定期称重　称重是贯穿养殖过程的一项重要工作，产蛋鸡25周龄之前每周称重一次，25周龄后定期称重。要将抽测结果与标准体重做比较，根据比较结果，及时调整饲料供给，确定换料时间，使鸡群始终处于适宜的体重范围内。

结合定期称重，适时调整鸡群，将体重较小的鸡只及时挑出，集中安置在上、中层接近光源的笼位饲养，给予一定的营养物质，使其尽快达到标准体重，以免影响鸡只生产性能的发挥，使生产效益受损。

2）适时更换产蛋料　当鸡群达到开产体重时，就应改喂预产期饲料。预产期饲料的粗蛋白质含量要求达到16%～18%，钙含量达到2%，日粮中至少有1/2的钙通过颗粒状（直径3～4毫米）石灰石或贝壳粒供给。产蛋率达5%时，再换为产蛋高峰期饲料，钙含量要求达3%～3.5%。两次换料都要过渡。这样使营养水平赶在产蛋率上升之前，不至于使营养水平不够而导致鸡群不能发挥最高的产蛋能力。

更换日粮要与增加光照时间相配合，一般在增加光照1周后改换日粮。

3）增加光照　无论采取哪种形式的光照制度，只要鸡只体重达标，都应于18周龄或20周龄后逐渐延长光照时间，刺激母鸡开始产蛋。光照控制必须与日粮调整相一致，只有这样，才能使母鸡的生殖系统与体躯发育协调。如果20周龄体重仍然没有达到标准，则应采取措施，先使鸡只体重达到标准，然后再增加光照，方法为每周增加0.5～1小时。

（2）高峰期的饲养管理　一般将母鸡85%产蛋率以上的时期定为产蛋高峰期。在良好的饲养管理条件下，优良蛋鸡品种的产蛋高峰期可维持半年或更久，以海兰褐商品蛋鸡为例，85%以上的产蛋率可维持6个多月，

90%以上的产蛋率可维持4个月。28周龄左右即可达到产蛋高峰期的峰值，持续3～6周后，产蛋率下降。而在实际生产中，不同鸡群的产蛋高峰期差别很大，培育不好的后备鸡群可能不会出现高峰期，死淘率也很高；培育较好的但产蛋阶段管理不善的后备鸡群，产蛋高峰期也不会维持很长，而且很难达到该品种应有的最高峰值产蛋率。所以，除了抓好后备鸡的饲养管理外，也要加强产蛋期的营养和管理，使鸡群充分发挥遗传潜力，达到理想的生产水平。

1）充分满足鸡只的营养需要　为了延长产蛋高峰期，应给鸡只饲喂高营养水平的日粮，要满足产蛋鸡对多种维生素及微量元素的需要，并保持饲料配方的稳定。这一阶段，鸡基本能根据能量需要来调节采食量，所以应让其自由采食，并且随着产蛋率的增加逐渐增加饲喂量和光照时间，特别是产蛋前和熄灯前必须喂足料和饮水。一般情况，产蛋高峰期里，轻型鸡品种每天需要摄入的代谢能不低于1 255千焦，中型鸡不低于1 381千焦；轻型鸡每天进食的粗蛋白质要达到17～18克，中型鸡要达到19～20克。饲料中钙含量要达到3%～3.5%。

2）保证饲料品质　优质的饲料品质是满足鸡只营养需求的关键。蛋鸡在产蛋高峰期应用优质饲料，原料品质应相对稳定，因为不同地区、不同收获季节的原料，其营养成分有差别，如果不对其进行检验后再利用，有可能导致鸡只营养物质摄入不均，易引起鸡的应激反应（图5-9）。

3）减少应激　产蛋高峰期的鸡只生产强度大，生理负担重，抵抗力较差，对应激十分敏感。这种情况下，任何突变与刺激都会引起鸡群骚乱，使产蛋率下降，并且，下降后的产蛋量很难恢复到原来水平。因此，要注意以下几个方面，尽量避免鸡只发生应激反应：①保

图5-9　准备全价配合饲料

持鸡舍及周围环境安静，闲杂人员不得进入鸡舍内部，饲养人员要穿固定的工作服（图5-10）；②避免停电、停水等应激因素出现；③要尽量避

免免疫、抓鸡等工作；④堵塞鸡舍的鼠洞，定期灭鼠；⑤门窗、通气孔用铁丝网封住，防止鸟类进入鸡舍；⑥鸡舍周围禁止人员高声喊叫，不准车辆鸣笛；⑦工作人员要按照操作规程的要求进行日常的饲养管理（图5-11）；⑧注意天气预报，对热浪或寒流要及早预防；⑨预知鸡群将要处于应激时，应在饲料中加倍供给维生素A、维生素E等。

图5-10 产蛋鸡需维持安静的生产环境

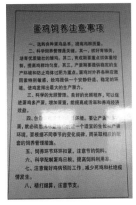

图5-11 制定饲养管理制度并上墙

2.**产蛋中期的饲养管理** 从42～58周龄为产蛋中期，产蛋中期是高峰后的平稳期。这一阶段，母鸡体重几乎不增加，产蛋率缓慢下降（每周下降0.5%～1%）。饲养管理良好的鸡群，以海兰褐商品蛋鸡为例，42周龄时产蛋率仍能达到90%，58周龄产蛋率达80%。由于刚经历完产蛋高峰，鸡只体质开始下降，日粮消耗略有增加，蛋品质也稍有下降。此阶段饲养管理的目标是：根据产蛋需要来考虑饲料中的营养供给，使产蛋率尽量保持缓慢下降。管理要点是：

（1）**调整日粮的营养水平** 在满足鸡只营养需要的前提下，可适当降低粗蛋白质水平（降低1%～2%），能量水平不变，增加饲料中钙的配比。因为随鸡只周龄增长，其吸收钙的能力也逐渐下降，为保证蛋壳质量，要增加日粮中含钙量。最好采用单独补充粒状钙的形式。一般认为中、后期钙为3.6%，高温时可提高到3.7%，不宜超过4%。

（2）**限制饲养** 一般在产蛋高峰过后两周开始实施限制饲养。产蛋期实行限饲，不仅是为保证鸡有一个较好的体况，避免过肥而减产，更

99

重要的是能降低饲料成本。轻型蛋鸡采食量小，不易过肥，一般不必限饲，只调整日粮结构即可；中型蛋鸡可限饲，一般采取限量法，限量后的采食量为自由采食量的90%。

（3）精细化管理　继续提供适宜的环境条件，使鸡少患病、不患病；减少或避免应激刺激，尽量减缓产蛋率的下降速度；不进行免疫、驱虫、转群等活动，保持饲料稳定，饲养管理定时、定点、定人。

3.产蛋后期的饲养管理　58周龄后，蛋鸡进入产蛋后期。这一阶段产蛋率继续以每周0.5%～1%的幅度持续下降。后期随着产蛋鸡日龄的增大，其生理机能逐渐衰退，对钙磷的吸收能力降低，蛋壳质量下降，蛋的破损率增加，全期50%破蛋是60周龄以后发生的，但蛋重较大。该阶段的饲养管理要点是：

（1）继续提供适宜的生产环境　保持环境稳定，使产蛋率尽量缓慢平稳下降。为保证蛋壳质量，日粮钙的水平为4%。

图5-12　53周龄不产蛋的鸡

（2）及时发现淘汰停产、低产鸡　及时调整鸡群的均匀度，尽早淘汰没有饲养价值的停产鸡或低产鸡只。及时淘汰停产鸡和低产鸡可以提高鸡群的产蛋率，节约饲料（图5-12、图5-13、图5-14）。产蛋鸡和停产鸡的外貌特点见表5-2。

图5-13　停产鸡的肛门小而皱缩、干燥、圆形

图5-14　产蛋鸡的肛门大而丰满、湿润、椭圆形

表5-2　产蛋鸡和停产鸡的外貌特点

指　标	产蛋鸡	停产鸡	低产鸡
冠和肉髯	大而鲜红、丰满、温暖	小而皱缩、呈淡红色或暗红色、干燥、无温暖感	鸡冠变小、萎缩、粗糙、苍白
肛门	大而丰满、湿润、椭圆形	小而皱缩、干燥、圆形	小而皱缩、干燥、圆形
色素变化	肛门、眼睑、喙、胫等黄色已褪完	肛门、眼睑、喙、胫黄色	褪色次序混乱、褪色不彻底、有黄色
趾骨	软而薄，相距三指以上	趾骨粗糙，间距缩小，无弹性	弯曲而厚、硬，相距三指以下

（3）增加光照时间　60周龄后，可增加光照时间到每天17小时，直至淘汰。

（二）环境管理技术

蛋鸡在产蛋阶段对环境的要求尤为严格，有时环境条件的稍微变化，都会引起产蛋量的突然下降。对产蛋鸡影响较大的环境条件主要有光照、温度、湿度、通风等。

1.光照　鸡20周龄后，光线透过鸡的眼睛刺激脑下垂体，增强促黄体激素的分泌，从而作用于生殖系统，加快卵子的成熟和排出，使产蛋增加。如果光照时间太短，强度太弱，鸡得不到足够的光刺激，产蛋量低。若光照时间缩短或光照强度减弱，产蛋鸡会出现停产换羽现象。相反，若光照时间过长，超过每天17小时，产蛋高峰就会提前，同时，会使鸡体内营养消耗过快，产蛋高峰维持时间短。光照强度如果太强，不仅浪费电，而且鸡在强的光照强度下显得神经质，活动量大，易发生斗殴和啄癖。光照强度超过40勒克斯，鸡只的死淘率会增加，总产蛋量会降低。因此，产蛋期对光照时间、强度等应严格控制。总原则是：光照时间宜渐长不宜渐短，但最长每天不能超过17小时；光照强度不可减弱，最佳、最大、最小的光照强度分别为20、30、10勒克斯，最大不能超过40勒克斯。

具体增加光照的方法：密闭式鸡舍可在原来的基础上，每周增加0.5～1小时，直至每天光照16小时。16小时光照可以一直恒定到60周龄，60周龄后可以再增加1小时光照到17小时，直至淘汰（图5-15）。

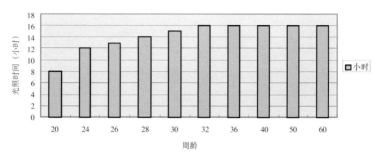

图5-15　密闭式鸡舍产蛋期光照时间参考图

　　开放式鸡舍全靠自然光照，在制定光照程序时应与当地自然日照相结合，不足部分用人工补充。一般早晚各开关灯1次，总共达到16小时。比较理想的补光方法是早、晚各一次。

　　光照制度一旦制定就要严格执行以免影响鸡只产蛋率。如不能随便改变开灯与关灯的时间，严禁降低光照强度、缩短光照时间，注意擦拭灯泡，确保光照强度达标（图5-16）。产蛋期保持20～25勒克斯（5～6瓦/米^3）的照射强度，灯高2米，生产中一般使用白炽灯、日光灯。

图5-16　经常擦拭鸡舍照明用节能灯及灯罩

　　2.温度　温度对鸡的产蛋、蛋重、蛋壳质量和饲料转化率都有明显影响。气温过高、过低均不利于产蛋，温度过高时，鸡的皮肤血管扩张，增加散热，同时，减少产热。25℃以上蛋重变轻、蛋壳变薄；27℃以上鸡的产蛋率下降，死亡率增高。温度过低或气温突然下降时，饲料转化率降低，产蛋率下降。对于成年产蛋鸡产蛋适宜的温度是13～23℃，13～16℃产蛋率较高，15.5～22℃饲料利用率较高。

　　3.湿度　在适宜温度时，相对湿度60%～65%最好。高温高湿不仅能促进微生物繁殖，导致疾病的发生和饲料的霉变，甚至会使鸡的体温升高，生产性能下降；低温高湿，鸡体会失热过多，感觉更冷，生产力下降。当湿度过低时，可用喷雾器向地面洒水增加湿度，也可加入消毒液带鸡消毒。夏秋季节湿度偏大，需加大通风降低湿度。生产中，一般在鸡舍适当的位置悬挂温度计、湿度计，以便准确掌握鸡舍温湿度（图5-17）。

4.通风 通风换气的主要目的是保持鸡舍内空气新鲜、调节舍内温度、降低相对湿度。鸡舍内通风不良，氨、硫化氢、甲烷和硫醇等有害气体蓄积，可诱发鸡只多种疫病，直接影响产蛋。一般要求鸡舍内氨气浓度不超过25毫克/米^3，二氧化碳不超过0.15%，硫化氢不超过10毫克/米^3。

图5-17 温度计、湿度计

鸡的体重越大、外界温度越高，需要的通风量越大。开放式鸡舍多采用自然通风，密闭式鸡舍多采用负压、纵向通风。通风时，进气与排气口设置要合理，气流要均匀流过全舍，不能有贼风。进气口风速夏季2.5～5米/秒，冬季1.5米/秒。

（三）日常管理技术

1.观察鸡群 观察鸡群是琐碎而又重要的工作，应从鸡只的饮水、采食、呼吸、精神、粪便和产蛋等方面进行观察。通过观察，及时掌握鸡群的动态，熟悉鸡群的情况，以便预测把握未来鸡群的生产走势。

（1）**饮水和采食** 饲养人员必须准确完整地记录鸡只每天的饮水和采食量，并对其变化情况有所了解。若饮水量突然增加，则应考虑气温是否偏高或者该批饲料中食盐含量是否偏高。若饮水量突然减少，鸡群可能正处于应激状态或发生疾病，鸡只采食量也有可能会减少，产蛋率也会下降。采食量减少3%以上时，产蛋量也将随之降低，这时应考虑鸡只是否患病或者饲料质量是否有问题（图5-18）。

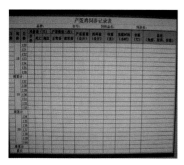

图5-18 产蛋期的生产记录

（2）**鸡群呼吸情况** 饲养人员可在夜间关灯后仔细倾听鸡只有无呼吸道异常声音。当发现有打喷嚏、打呼噜、咳嗽、啰音、甩鼻的鸡只时，应及时隔离治疗，以防扩大感染。

（3）**精神状态** 在清晨鸡舍开灯后观察鸡群精神状态。健康的鸡只精神饱满、眼睛明亮、冠髯色泽鲜红、羽毛紧贴、活泼好动；不健康的鸡只精神不振、羽毛蓬乱、冠脚干瘪、低头垂翅、呆立一旁。对于不健康的鸡只，应及时采取治疗措施。

（4）粪便情况 鸡只正常粪便的颜色为黄褐色或灰绿色，软硬适中，上面附有白色尿酸盐。绿色或黄绿色粪便是新城疫、禽霍乱所致，红色、肉红色粪便一般是球虫、蛔虫或绦虫所致，黑色粪便可能是胃或十二指肠出血或溃疡所致。

2.搞好卫生防疫 严格执行日常管理操作规程，采用全进全出制，保持鸡舍环境卫生。勤清粪，经常洗刷水槽、料槽，搞好定期消毒工作。定期对鸡群进行抗体监测，主要是鸡新城疫、禽流感的监测。

3.监测鸡群体重变化 25周龄前每周称重一次，25周龄后定期称重，监测鸡群体重，了解过肥、过瘦鸡只的比例，以便及时调整饲料供给。

4.降低鸡蛋的破损率 引起鸡蛋破损的原因除品种及鸡自身因素外，还与饲料的营养、环境、管理有关。生产中可以采取以下措施来降低破损率。①满足鸡只对各种营养素的需要。在各种营养素中钙、磷、锰、维生素D_3对蛋壳质量影响较大。日粮中钙、磷缺乏或比例不当都会增加破蛋率，锰含量不足会使蛋壳强度降低。一般情况下，为了维持蛋壳应有的强度，蛋

图5-19　勤拣蛋

鸡饲料中钙的含量应为3%～5%，钙磷比例在4∶1～6∶1为宜，各类营养素的含量、比例要适当。②通过及时检修鸡笼设备，修补鸡笼破损处，以减少鸡蛋的破损。③勤拣蛋，每天拣蛋3～4次，拣蛋次数越多越好（图5-19）。④缓解高温影响。气温高时，可以在日粮中适量添加维生素C，预防热应激，同时可以在日粮中添加0.5%的碳酸氢钠，有助于提高蛋壳质量和缓解热应激。⑤防止惊群。防止惊群可以减少鸡产软蛋、薄蛋。

（四）四季管理技术

1.春季 春天气温回升、光照加长、是产蛋较适宜的时期，但是早春冷暖天气交替变化，昼夜温差大，而且经过漫长的冬季，鸡的体质较弱，疫病较多。这一阶段的管理重点是加强疫病防控，在保证适宜舍温

的同时，也要注意通风换气。

2.夏季　鸡对高温环境的耐受力较差，夏季的管理要点是在解决好鸡舍防暑降温的同时保证鸡只对营养的足够摄入。

（1）防暑降温的方法　在鸡舍周围种植树木、草皮，可以减少鸡舍所受到的辐射热；屋顶、外墙四周用白灰刷白，可反射一部分阳光进而减少反射热；鸡舍朝阳面搭建凉棚，种植瓜、藤之类的植物，最好让植物茎叶遮蔽屋顶，可减少太阳辐射热的50%。

鸡舍内部可采用纵向通风系统、湿帘降温法和喷雾降温法等措施降温。在生产中纵向通风的效果优于横向通风。湿帘降温法是在负压通风鸡舍的进风口处安装湿帘，通过湿帘的冷却作用，降低进入鸡舍的空气温度。一般可使舍温下降6℃～8℃。喷雾降温法是在鸡舍内安装喷雾器，直接对鸡只进行喷雾。可以降低舍内温度5℃左右。或利用高压水枪、背负或喷雾器喷洒房顶、墙壁，进行降温。高压喷雾器喷出的雾滴越细、在空中漂浮时间越长，降温效果越好。同时，必须加大通风量，保持舍内通风流畅，降温效果才会更好。如果舍内的温度过高，同时湿度很大，则不能喷洒太多的水，否则会造成高温高湿的环境，反而不利于鸡体热的散发。

（2）保证营养的足够摄入，及时调整饲料的能量浓度　在饲料中加入1%～2%植物油代替碳水化合物提高能量水平，用添加复合氨基酸代替粗蛋白质，以增加氨基酸水平。考虑到环境温度对鸡只采食量及蛋壳质量的影响，夏季应增加饲料中钙的含量，可用贝壳粉、牡蛎粉补钙，在黄昏补饲，一般补饲量是日粮的1%～15%。为提高鸡的抗应激能力，还可添加维生素C。

（3）从管理角度考虑，饲料要少喂勤添，不吃剩料，尽量在早晚喂料　通过降低饲养密度来缓解热应激，保证足够的饮水器和清洁饮水，及时清理粪便，做好卫生清洁工作，给鸡提供良好的生产环境。

3.秋季　秋季日照时间缩短，气候渐凉，此时可根据要求人工补光，以保证光照时间的稳定。在预防鸡群感冒的同时，还要注意鸡舍通风，特别是鸡群进入产蛋高峰期更应加强管理，随时注意天气变化，以保证较高的产蛋率。

4.冬季　冬季夜长日短，气温较低，重点应做好鸡舍的防寒保温工作。鸡舍温度最好保持在10℃以上，保温性差的鸡舍要采取加温措施，以保证鸡群正常生产。比如"热风炉"供暖，效果就很好。在做好保温的前提下，还应注意通风换气。

第六章 蛋鸡的日粮配制技术

一、蛋鸡的营养需要

蛋鸡的营养需要是指蛋鸡每天对能量、蛋白质、矿物质和维生素等养分的需要。

（一）蛋鸡所需养分的种类及作用

见表6-1。

表6-1 蛋鸡所需养分的种类及作用

养 分	作 用	养分供应不足时
能量	鸡的一切生理活动都离不开能量。蛋鸡的能量需要包括维持需要、生长需要、增重需要和产蛋需要。能量主要来源于碳水化合物、脂肪和蛋白质。蛋鸡的生长主要取决于能量的摄入量。足够的能量对维持较高的产蛋率有利	蛋鸡具有调节采食量满足能量需要的本能，所以各种营养需要量必须与饲料能量保持一定的比例。当饲料中使用过多低能饲料时，容易造成育成鸡体重不达标
蛋白质	蛋白质是构成鸡体细胞的基本物质，也是生产蛋、肉的重要营养物质。蛋白质的基本单位是氨基酸。鸡对蛋白质的需要实质上是对氨基酸的需要，氨基酸分为必需氨基酸和非必需氨基酸	日粮中蛋白质和氨基酸不足时，雏鸡生长缓慢、食欲减退、羽毛生长不良、性成熟晚，蛋鸡产蛋量少、蛋重小。严重缺乏时，采食停止、体重下降、卵巢萎缩

（续）

养 分	作 用	养分供应不足时
矿物质	鸡体内矿物质种类多，性质差异大，在鸡体内起着调节血液渗透压、维持酸碱平衡的作用，也是构成骨骼、蛋壳、血红蛋白、甲状腺素的重要成分	任何矿物质成分喂量过多，都会引起营养成分间的不平衡，甚至中毒。反之，若某种矿物质成分缺乏，将产生缺乏症
维生素	维生素在鸡体物质代谢中起着重要作用，它们是多种辅酶的组成成分。维生素只能从饲料中获得，鸡体不能合成	维生素缺乏时易造成代谢紊乱，影响鸡的生长、产蛋和健康
水	水是鸡体一切细胞与组织的组成成分，是鸡生长发育、生产和维持生命所必需的物质。雏鸡身体含水分约70%，成鸡50%，蛋含水70%，水在养分的消化吸收、代谢废物的排泄、血液循环和调节体温方面均起着重要作用。鸡对水的需要量依饲料消耗量和环境温度的不同而有所差异，一般饮水量是采食干饲料的两倍	若鸡只饮水不足则其对饲料的消化吸收不良，血液浓稠，体温上升，生长和产蛋受影响

（二）矿物质元素的功能及缺乏症

见表6-2。

表6-2 矿物质元素的功能及缺乏症

矿物质的种类	功 能	缺乏症
钙和磷	钙和磷是鸡体内含量最多的无机元素，钙是构成骨骼和蛋壳的主要成分。钙是凝血的必要条件。钙与钠、钾共同为心脏活动所必需。磷参与骨骼的形成，体组织和脏器含磷较多。磷在碳水化合物和脂肪代谢以及维持机体的酸碱平衡方面起重要作用。钙磷保持适宜的比例有助于两者的正常利用	缺钙会引起鸡只软骨症和佝偻病，产软壳蛋、薄壳蛋或无壳蛋，破蛋率增加，产蛋量下降。钙量过多有害雏鸡生长，影响鸡体对镁、锰、锌的吸收。缺磷会引起鸡只食欲减退，生长缓慢，关节硬化，骨骼松脆

（续）

矿物质的种类	功　能	缺乏症
食盐	食盐可促进鸡只采食，主要是提供钠和氯，氯可生成胃液中的盐酸，保持胃液酸性，钠与氯在调节体液渗透压和缓冲酸碱平衡方面有重要作用	饲料中缺盐时，鸡只食欲不好、消化不良、生长缓慢；产蛋鸡体重、蛋重减轻，产蛋率下降，出现啄肛、啄羽等恶癖；食盐过量，鸡只出现饮水增加、粪便过稀，甚至中毒死亡
铁	铁是构成血红蛋白、肌红蛋白和各种氧化酶的主要成分	饲料中含铁量低时，会引起鸡只营养性贫血
铜	铜与铁共同参与血红蛋白的形成	缺铜能使鸡对铁的吸收量下降，发生贫血症，蛋壳异样增多
碘	碘是构成甲状腺素的主要成分	缺碘时，鸡只甲状腺肿大，损害家禽的健康
锰	锰与骨骼的生长和家禽的繁殖有关	锰不足时，雏鸡骨骼发育不良，患屈腱病，生长受阻；成鸡缺锰会影响产蛋率、孵化率和蛋壳质量。锰与脂肪代谢有关，缺锰肝和骨中会沉积脂肪
锌	锌含量甚微，但分布广，骨、毛、肝、胰、肾、肌肉和许多酶类都含有锌	缺锌时鸡生长缓慢，羽毛、皮肤发育不良，严重时脚短、表面呈鳞片样，并有皮肤炎症状
硒	硒虽有毒，但对鸡只营养有重要功能。硒是谷胱甘肽过氧化物酶的组成成分，起着抗氧化作用，对细胞正常功能起保护作用，可防止细胞膜的脂质结构被氧化破坏。硒还参与辅酶A与辅酶B的合成	缺硒时鸡只会发生渗出性素质，皮下出血、水肿，最后衰竭死亡。但每千克饲料中硒若超过7毫克，鸡将发生硒中毒。产蛋鸡的孵化率明显下降

（三）维生素的功能及缺乏症

见表6-3。

表6-3　维生素的功能及缺乏症

维生素	功　能	缺乏症
维生素A（促生长维生素）	维持上皮细胞和神经组织的正常机能。促进鸡只生长，增进食欲，促消化，增强鸡对传染病和寄生虫病的抵抗能力	缺乏时，蛋鸡生长缓慢、产蛋少、孵化率低、抗病力减弱，易发生各种疾病

（续）

维生素	功　能	缺乏症
维生素D	维生素D与钙、磷代谢有关，是鸡体骨组织生长发育所必需的物质。维生素D_3对预防软骨病、蛋壳的形成都起着非常重要的作用	缺乏时，雏鸡生长不良，羽毛蓬乱，腿部无力，行走几步即蹲伏休息。喙、脚和胸骨软而易弯曲，踝关节肿大。成鸡则蛋壳薄或软，产蛋率和孵化率下降
维生素E	与核酸的代谢以及酶的氧化还原有关	缺乏时，雏鸡患脑软化症、渗出性素质病和肌营养不良。公鸡发生睾丸退化，种蛋孵化率低
维生素K（凝血维生素）	维生素K是凝血所必需的物质	缺乏时易发生出血性疾病，会使鸡体因轻微损伤而流血不止
硫胺素（维生素B_1）	硫胺素是鸡体碳水化合物代谢所必需的物质	缺乏时，鸡只厌食、衰弱、消化不良和发生痉挛
核黄素（维生素B_2）	核黄素对鸡体内氧化还原、调节细胞呼吸起着重要作用	缺乏时，雏鸡生长不良，软腿，有时关节触地走路，趾向内卷曲。成鸡产蛋减少，孵化率低
烟酸（维生素B_5）	烟酸又叫尼克酸，为某些酶类的重要成分，对碳水化合物、脂肪和蛋白质代谢起着重要作用	缺乏时，雏鸡食欲减退、生长慢、羽毛蓬乱、踝关节肿大、腿骨弯曲，成鸡种蛋孵化率低
吡哆醇（维生素B_6）	吡哆醇主要参与鸡体内蛋白质的代谢，对氨基酸的吸收和不饱和脂肪酸的利用起着重要作用	缺乏时，鸡只会出现神经症状，异常兴奋，全身痉挛，最后死亡。产蛋鸡缺乏维生素B_6时，孵出的雏鸡生长缓慢，性发育延迟
泛酸	泛酸是辅酶A的成分，参与脂肪、碳水化合物和蛋白质的代谢	缺乏时，鸡只易发生皮肤炎，羽毛粗糙，生长受阻，骨短粗，口角有局限性痂块损伤，种蛋孵化率低
生物素（维生素H）	生物素主要参与脂肪和蛋白质的代谢	缺乏时，鸡会发生皮肤炎，脚发红，喙有溃疡。雏鸡患屈腱症，运动失调，骨骼畸形
胆碱	为蛋氨酸等合成甲基的来源。胆碱主要参与脂肪代谢，防止脂肪变性	缺乏时，雏鸡生长缓慢，发生屈腱病。母鸡易发生脂肪肝，产蛋量明显下降

（续）

维生素	功　能	缺乏症
叶酸（维生素B₁₁）	叶酸是一种复杂的化合物，与维生素B₁₂共同参与核酸代谢和核蛋白的形成	缺乏时，雏鸡生长缓慢，羽毛发育不良，发生贫血，骨粗短
维生素B₁₂	维生素B₁₂又叫钴胺素，主要参与蛋白质、脂肪和糖的代谢，参与核酸的合成	缺乏时，雏鸡生长不良，种蛋孵化率低
维生素C	维生素C参与胶原化合物的形成，可促进蛋壳形成，缓解应激和产蛋疲劳带来的不良影响，对防治螺旋体病、沙门氏菌病和感冒也有一定的作用	维生素C在鸡体内可以合成，只有在高温逆境时有补充的必要

二、蛋鸡的饲养标准

蛋鸡的饲养标准是对各类型的鸡及其在不同的阶段的营养需要量的一个规定。家禽的营养标准很多，常见的有美国NRC家禽饲养标准、日本家禽饲养标准等。我国1986年首次颁布了《鸡的饲养标准》，此后经过大量的试验研究和应用探索，不断完善，于2004年制定了新的《鸡的饲养标准》（送批稿）。现将《鸡的饲养标准》（2004年）中有关蛋鸡的标准介绍如下，见表6-4、表6-5。

表6-4　生长蛋鸡的营养需要量

项　目	0～8周龄	9～18周龄	19周龄至开产	项　目	0～8周龄	9～18周龄	19周龄至开产
代谢能（兆焦/千克）	11.91	11.70	11.50	碘（毫克/千克）	0.35	0.35	0.35
粗蛋白质（%）	19.00	15.50	17.0	硒（毫克/千克）	0.3	0.3	0.3
蛋白能量比（克/兆焦）	15.95	13.25	14.78	亚油酸（%）	1	1	1
赖氨酸能量比（克/兆焦）	0.84	0.58	0.61	维生素A（毫克/千克）	4 000	4 000	4 000
赖氨酸（%）	1.00	0.68	0.70	维生素D（毫克/千克）	800	800	800

（续）

项　目	0～8周龄	9～18周龄	19周龄至开产	项　目	0～8周龄	9～18周龄	19周龄至开产
蛋氨酸（%）	0.37	0.27	0.34	维生素E（毫克/千克）	10	8	8
蛋氨酸＋胱氨酸（%）	0.74	0.55	0.64	维生素K（毫克/千克）	0.5	0.5	0.5
苏氨酸（%）	0.66	0.55	0.62	硫磺素（毫克/千克）	1.8	1.3	1.3
钙（%）	0.9	0.8	2.0	核黄素（毫克/千克）	3.6	1.8	2.2
总磷（%）	0.73	0.60	0.55	泛酸（毫克/千克）	10	10	10
非植酸磷（%）	0.4	0.35	0.32	烟酸（毫克/千克）	30	11	11
钠（%）	0.15	0.15	0.15	吡哆醇（毫克/千克）	3	3	3
铁（毫克/千克）	80	60	60	生物素（毫克/千克）	0.15	0.10	0.10
铜（毫克/千克）	8	6	8	叶酸（毫克/千克）	0.55	0.25	0.25
锌（毫克/千克）	60	40	80	维生素B$_{12}$（毫克/千克）	0.01	0.003	0.004
锰（毫克/千克）	60	40	60	胆碱（毫克/千克）	1 300	900	500

注：本标准以中型蛋鸡计算，轻型鸡可酌减10%；开产指产蛋率达到5%的日龄。

表6-5　产蛋鸡的营养需要量

项　目	开产至产蛋高峰（产蛋率＞85%）	产蛋高峰后（产蛋率＜85%）	项　目	开产至产蛋高峰（产蛋率＞85%）	产蛋高峰后（产蛋率＜85%）
代谢能（兆焦/千克）	11.29	10.87	碘（毫克/千克）	0.35	0.35
粗蛋白质（%）	16.5	15.5	硒（毫克/千克）	0.3	0.3
蛋白能量比（克/兆焦）	14.61	14.26	亚油酸（%）	1	1
赖氨酸能量比（克/兆焦）	0.64	0.61	维生素A（毫克/千克）	8 000	8 000

（续）

项 目	开产至产蛋高峰（产蛋率>85%）	产蛋高峰后（产蛋率<85%）	项 目	开产至产蛋高峰（产蛋率>85%）	产蛋高峰后（产蛋率<85%）
赖氨酸（%）	0.75	0.70	维生素D（毫克/千克）	1 600	1 600
蛋氨酸（%）	0.34	0.32	维生素E（毫克/千克）	5	5
蛋氨酸+胱氨酸（%）	0.65	0.56	维生素K（毫克/千克）	0.5	0.5
苏氨酸（%）	0.55	0.50	硫磺素（毫克/千克）	0.8	0.8
钙（%）	3.5	3.5	核黄素（毫克/千克）	2.5	2.5
总磷（%）	0.6	0.6	泛酸（毫克/千克）	2.2	2.2
非植酸磷（%）	0.32	0.32	烟酸（毫克/千克）	20	20
钠（%）	0.15	0.15	吡哆醇（毫克/千克）	3.0	3.0
铁（毫克/千克）	60	60	生物素（毫克/千克）	0.10	0.10
铜（毫克/千克）	8	8	叶酸（毫克/千克）	0.25	0.25
锌（毫克/千克）	60	60	维生素B$_{12}$（毫克/千克）	0.004	0.004
锰（毫克/千克）	80	80	胆碱（毫克/千克）	500	500

海兰褐（灰）蛋鸡的饲养标准，见表6-6至表6-8。

表6-6　海兰褐蛋鸡生长期营养需要建议量

阶 段	0~6周龄	6~8周龄	8~15周龄	开产前至5%产蛋率
蛋白质（%）	19	16	15	16
代谢能（兆焦/千克）	11.70	11.50	11.70	11.50
赖氨酸（%）	1.10	0.90	0.70	0.85
蛋氨酸（%）	0.45	0.40	0.35	0.42

（续）

阶　段	0 ~ 6周龄	6 ~ 8周龄	8 ~ 15周龄	开产前至5％产蛋率
蛋氨酸＋胱氨酸（％）	0.80	0.70	0.60	0.68
色氨酸（％）	0.20	0.18	0.15	0.18
钙（％）	1.00	1.00	1.00	2.25
总磷	0.7	0.68	0.60	0.70
有效磷	0.45	0.44	0.40	0.45
钠	0.18	0.18	0.18	0.18
氯化物	0.16	0.16	0.16	0.16

表6–7　海兰灰蛋鸡生长期营养需要建议量

阶　段	0 ~ 6周龄	6 ~ 8周龄	8 ~ 15周龄	开产前至5％产蛋率
蛋白质（％）	19.5	17	15.5	16.5
代谢能（兆焦/千克）	11.70	11.50	11.91	11.70
赖氨酸（％）	1.10	0.90	0.70	0.86
蛋氨酸（％）	0.45	0.40	0.36	0.43
蛋氨酸＋胱氨酸（％）	0.8	0.72	0.64	0.70
色氨酸（％）	0.2	0.18	0.16	0.18
钙（％）	1.00	1.00	1.00	2.25
总磷	0.7	0.70	0.68	0.70
有效磷	0.45	0.44	0.44	0.45
钠	0.18	0.18	0.18	0.18
氯化物	0.16	0.15	0.16	0.16

表6–8　海兰褐（灰）产蛋鸡日最低营养需要量

	营养素	5％产蛋率至32周龄	32 ~ 45周龄	45 ~ 55周龄	55周龄以上
海兰褐	蛋白质（克/天/只）	18	17.5	17	16
	蛋氨酸（毫克/天/只）	480	480	450	430
	蛋氨酸＋胱氨酸（毫克/天/只）	800	790	750	700
	赖氨酸（毫克/天/只）	930	910	880	860
	色氨酸（毫克/天/只）	190	185	180	170
	钙（克/天/只）	3.65	3.75	4.00	4.20
	总磷（克/天/只）	0.64	0.64	0.61	0.58
	有效磷（克/天/只）	0.4	0.38	0.36	0.32
	钠（毫克/天/只）	180	180	180	180
	氯化物（毫克/天/只）	170	170	170	170

（续）

营养素	5%产蛋率至32周龄	32～45周龄	45～55周龄	55周龄以上
蛋白质（克/天/只）	17.5	17	16.5	16
蛋氨酸（毫克/天/只）	460	460	430	410
蛋氨酸+胱氨酸（毫克/天/只）	770	760	730	680
赖氨酸（毫克/天/只）	900	880	850	840
色氨酸（毫克/天/只）	185	180	175	165
钙（克/天/只）	3.55	3.65	3.90	4.10
总磷（克/天/只）	0.62	0.62	0.56	0.56
有效磷（克/天/只）	0.39	0.37	0.35	0.31
钠（毫克/天/只）	180	180	180	180
氯化物（毫克/天/只）	170	170	170	170

海兰灰蛋鸡

三、蛋鸡常用饲料原料

1.饲料原料的分类　见表6-9。

表6-9　饲料原料的分类

类　别	常用饲料
能量饲料	谷实类：玉米、麦类（小麦、麦秕、大麦、燕麦）、高粱、粟、稻米和草籽
	糠麸类：小麦麸、米糠、其他糠类（粟糠、高粱糠、玉米糠）
	块根、块茎和瓜类：马铃薯、甜菜、南瓜、甘薯
	糟渣类：酒糟、糖蜜、甜菜渣
蛋白质饲料	植物性蛋白饲料：油饼油粕类（大豆饼粕、菜子饼粕、花生饼粕、棉子饼粕）
	玉米蛋白粉
	动物性蛋白饲料：鱼粉、肉骨粉、血粉、羽毛粉、蚕蛹粉、粕
	单细胞蛋白饲料：饲料酵母、细菌、真菌、某些藻类及原生动物
矿物质饲料	钙源饲料：贝壳粉、石灰石粉
	磷源饲料：磷酸氢钙、骨粉
	食盐
维生素饲料	青绿饲料、干草粉
添加剂饲料	营养性饲料添加剂：维生素添加剂、氨基酸添加剂、矿物质微量元素添加剂
	非营养性饲料添加剂：抗菌药物饲料添加剂、驱虫剂、酶制剂、抗氧化剂、防霉剂、食欲增进剂和品质改良剂等

2.常用饲料的特性　见表6-10。

表6-10　常用饲料的特性

饲料种类			特　性
能量饲料	谷实类	玉米	玉米是谷类子实中饲用价值最高的一种，它含有丰富的淀粉和粗脂肪，脂肪中亚油酸含量高达65%，粗蛋白质和粗纤维含量较低，适口性好、易消化，氨基酸组成中赖氨酸、蛋氨酸和色氨酸明显不足
		小麦	小麦的营养价值较高，其能量含量与玉米相似，且蛋白质含量较高，适口性也好。但小麦含有胶质，用量多时会引起鸡喙坏死。因此，用量一般掌握在占日粮的10%～25%为宜
		高粱	高粱所含粗蛋白质和粗纤维高于玉米，但含有鞣酸，多喂时会引起便秘。由于高粱的适口性较差，在配合日粮时要适量搭配，比例占日粮的10%～20%即可
	糠麸类	麦麸	麦麸质地疏松，适口性好，具有轻泻作用。麦麸是小麦磨碎加工后的副产品，其营养成分和有机物质的消化率与加工方法有关，适口性较好，作辅料应用，用量不超过日粮的8%
		米糠	米糠是碾米加工后的副产品，粗脂肪、粗蛋白质和粗纤维都高于稻米，特别是脂肪含量高达15%～20%。米糠的贮存时间不宜过长，以免产生脂肪酸而氧化变质，用量宜少，一般占日粮的8%以下
	块根、块茎和瓜类	甘薯	甘薯属于块根类饲料，主要成分是淀粉。甘薯分鲜货和干货两种，鲜货煮熟拌成湿料，用量不超过日粮的40%，干货不超过日粮的10%
蛋白质饲料	植物性蛋白饲料	大豆饼粕	豆饼是大豆榨油后的副产品，味道芳香，适口性好，是养鸡生产中最常用的蛋白质饲料之一。能量水平高，富含核黄素和烟酸，硒含量低，适口性好。豆饼应与动物性蛋白质饲料配合应用，以补偿某些氨基酸不足。生豆饼在使用前要加热处理，用量可占日粮的15%～30%
		菜子饼粕	在使用前要进行脱毒处理，用量不超过日粮的5%
		棉仁饼粕	粗蛋白质含量仅次于豆饼，经过脱毒处理用量可占到日粮的15%，不经处理的用量不超过8%
		花生饼粕	营养价值与豆饼相似，适口性好，宜与豆饼合用。注意在温暖、潮湿季节不宜久贮，用量占日粮的10%～20%

(续)

饲料种类			特　性
蛋白质饲料	动物性蛋白饲料	鱼粉	鱼粉是鸡最理想的蛋白质饲料，蛋白质含量高，优质鱼粉蛋白质含量达64%，氨基酸组成较合理，赖氨酸和蛋氨酸含量高，钙磷含量高，所有磷均为可利用磷，含有植物性饲料中没有的维生素A、维生素E和维生素B_{12}，B族维生素含量较高。日粮中优质鱼粉可占8%～12%。如果用量过大，不仅加大饲料成本，而且还会引起中毒，导致鸡群发生下痢和肌胃糜烂
		肉骨粉	肉骨粉是利用屠宰场的副产品经过高温处理而制成的，粗蛋白质含量在40%～50%，赖氨酸含量较高。蛋氨酸和色氨酸含量低（低于血粉），B族维生素含量高，维生素A、维生素D、维生素B_{12}含量低于鱼粉。用量可占日粮的10%～15%
		血粉	血粉是利用屠宰场的副产品经过高温处理而制成的，粗蛋白含量高达80%，赖氨酸含量高达7%～8%（比常用鱼粉的含量还高），组氨酸含量高，精氨酸含量低，血粉和花生饼（粕）或棉籽饼（粕）搭配可获得好的饲养效果，血粉消化率低，适口性差，用量可占日粮的10%～15%
	单细胞蛋白饲料	酵母	饲料酵母含蛋白质45%～50%，并含丰富的B族维生素，不含维生素B_{12}。氨基酸组成特点是赖氨酸、色氨酸、苏氨酸、异亮氨酸等必需氨基酸含量高，精氨酸含量低，容易与饼、粕类饲料配伍。但含硫氨基酸含量低
矿物质饲料	钙源饲料	贝壳粉	贝壳粉是用蚌、蛤、螺蛳甲壳磨粉制成的，含钙量与石粉相近。用量雏鸡为1%～2%，产蛋鸡为5%～7%
		石灰石粉	石粉是磨碎的石灰石粉，主要成分是碳酸钙，用于补充钙质
	磷源饲料	磷酸氢钙	磷酸氢钙是一种优良的磷钙补充饲料
		骨粉	骨粉是动物骨骼经高温处理脱胶后磨粉制成的，呈白色粉状，不易结块
	食盐		食盐又叫氯化钠，是钠和氯的来源，用量一般不超过日粮的0.35%

（续）

饲料种类		特　性
维生素饲料		生产中常用的是维生素添加剂，随拌随用，不宜久贮
添加剂饲料	营养性饲料添加剂 — 维生素添加剂	为保证维生素添加剂的活性成分和便于在配合饲料中添加，维生素添加剂除活性成分外，还有载体、稀释剂、吸附剂及其他化合物。常用的维生素添加剂有14种
	氨基酸添加剂	氨基酸添加剂是平衡饲料氨基酸的最佳选择。最常用的是蛋氨酸和赖氨酸添加剂
	矿物质微量元素添加剂	饲料中添加矿物质微量元素添加剂是为了满足鸡只对矿物质微量元素的需求。鸡所需的矿物质微量元素有6种，包括铁、铜、锰、锌、碘和硒
	非营养性饲料添加剂 — 抗氧化剂	抗氧化剂可防止脂肪和脂溶性维生素氧化变质。抗氧化剂有乙氧喹啉、丁基化羟基甲苯、丁基化羟基苯甲醚，用量为每吨饲料添加115克
	防霉剂	防霉剂可抑制霉菌生长，防止饲料发霉。常用的有丙酸钠、丙酸钙等。剂量为每吨饲料添加2.5克和5克
	酶制剂	复合酶制剂常包括淀粉酶、蛋白酶、脂肪酶、纤维素酶等。植酸酶能分解饲料中的植酸磷

四、蛋鸡饲料主要原料的大致比例

蛋鸡饲料主要原料的大致比例见图6-1。

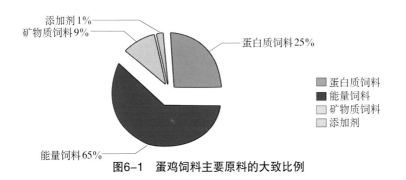

添加剂 1%
矿物质饲料 9%
蛋白质饲料 25%
能量饲料 65%

蛋白质饲料
能量饲料
矿物质饲料
添加剂

图6-1　蛋鸡饲料主要原料的大致比例

第七章 常见疾病防治新技术

一、鸡新城疫

(一) 流行特点

鸡新城疫是由鸡副黏病毒引起的一种急性、高度接触性传染病。在自然条件下,该病主要发生于鸡、鸽和火鸡。传染源主要是病鸡和带毒鸡,自然途径感染主要经呼吸道和消化道,其次是眼结膜。一年四季均可发生,但以冬春季发生较多,尤其是春节前后流行频繁。

(二) 临床症状

发生于各日龄的鸡。急性病例病初体温升高,一般可达43～44℃。采食量下降,精神不振。眼半闭或全闭,呈昏睡状态。鸡冠、肉髯呈暗红色或紫黑色。呼吸困难,常张嘴伸颈呼吸(图7-1)。腹泻,粪便呈黄绿色(图7-2),恶臭。病程后期,鸡群中可见一定比例的后遗症病鸡,表现为腿麻痹或头颈歪斜(图7-3)。有的鸡看起来和健康鸡一样,但当受到外界惊扰等刺激时,则突然向后仰倒,全身抽搐或就地转圈,过几分钟后又恢复正常。

开产前使用过鸡新城疫油乳剂灭活疫苗的鸡群,开产后,较长时间没有进行弱毒疫苗的黏膜局部免疫,容易发生非典型新城疫,一旦发生往往鸡群整体情况良好,个别发病鸡的临床症状较轻微,主要表现为呼吸道症状和神经症状,褐色蛋褪色成土黄色或纯白色(图7-4),数量随病程的延长而增加,同时鸡只产蛋量明显下降、软蛋增多,少数鸡发生死亡;仔细观察会发现有黄绿色稀粪。

图7-1 患新城疫的病鸡张口伸颈呼吸

图7-2 黄绿色粪便

图7-3 转头的神经症状

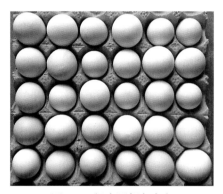

图7-4 褐壳蛋颜色变白

(三)剖检病变

典型病例特征性病理变化是腺胃乳头出血(图7-5),胃壁肿胀,覆盖有淡灰色黏液;用手挤压乳头,常流出白色豆渣样物质。食管与腺胃交界处有小点出血,腺胃与肌胃之间有带状出血,有时有溃疡。肌胃角质膜下黏膜出血(图7-6)。十二指肠黏膜有大小不等的出血点,病程稍长者可见岛屿状出血,严重者形成溃疡。两盲肠扁桃体肿大(图7-7)、出血(图7-8)甚至坏死。直肠黏膜肥厚、出血。气管内有大量黏液,黏膜充血,偶见出血。

非典型病例病变不典型,病死鸡嗉囊积液,腺胃与食管、腺胃与肌胃交界处少数可见有出血斑,直肠与泄殖腔黏膜可见出血,偶见十二指

图7-5 腺胃乳头出血

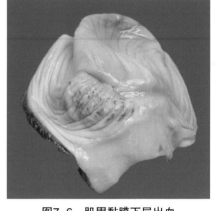

图7-6 肌胃黏膜下层出血

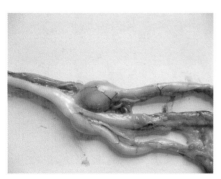

图7-7 盲肠扁桃体肿大

图7-8 盲肠扁桃体出血

肠、蛋黄蒂下端及盲肠中间的回肠出现枣核样的出血、溃疡(图7-9)。鼻窦肿胀、充血，喉头出血，气管内有大量黏液，气囊混浊并有干酪样分泌物。心冠脂肪有出血点。

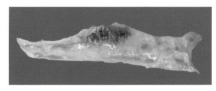

图7-9 小肠内出血性溃疡

(四) 防治

1.预防

（1）日常卫生管理　①经常了解疫情，严禁从发病地区或受威胁地区引进雏鸡；②禁止买鸡人、运输车辆等进入鸡场生产区；③鸡场和鸡舍门口设置消毒池，消毒液一般每3天更换一次；④根据本场的情况，制定合理的鸡舍消毒程序；⑤严防鸽子、麻雀等动物进入鸡舍。

（2）**制定合理的免疫程序**　主要是根据幼雏的母源抗体水平决定首免时间，以及根据疫苗接种后的抗体滴度和鸡群生产特点，确定加强免疫的时间。

（3）**正确选择疫苗**　我国常用的疫苗分两大类，一类是活疫苗，如Ⅰ系苗、Ⅱ系苗、Ⅲ系苗（F系）、Ⅳ系苗和（LaSota）一些克隆化疫苗（如克隆-30等）。其中，Ⅰ系苗的毒力最强，不适宜在未做基础免疫的鸡群中使用。如不得已要将该疫苗用于雏鸡，则必须在使用方法和用量上严格控制。另一类是灭活疫苗，如油佐剂灭活苗，这两类疫苗常配合使用，也可用弱毒苗与其他疫苗制成多联苗来使用。

（4）**选择正确的免疫接种方法**　接种疫苗常用滴鼻、点眼、饮水、注射和喷雾的方法。

2.治疗　一旦发生新城疫，应采取严格的场地、物品、用具消毒措施，并将死鸡深埋或焚烧。

对于疑似患非典型新城疫的鸡群，可用Ⅳ系疫苗2～3个剂量进行滴鼻、点眼的紧急接种法，以控制流行。中雏以上可肌内注射两倍量的Ⅰ系苗。

对发病鸡群，可用高免血清或高免蛋黄液注射进行治疗，同时，内服抗病毒的中草药或干扰素等生物制品。

二、鸡传染性法氏囊病

（一）流行特点

鸡传染性法氏囊病是由鸡传染性法氏囊病病毒引起鸡的一种高度接触性传染病。只有鸡感染后才会发病，不同品种的鸡均易感染，但散养土鸡较少发生，4～6周龄的鸡对该病最易感。病鸡和带毒鸡是该病的传染源，其排出的粪便，污染的饲料、饮水、工具，以及鸡场的工作人员皆可以机械带毒成为该病的传染源。该病以水平传播为主，但病毒也可通过蛋垂直传播。

（二）临床症状

发生于育雏阶段。初期发现个别鸡精神不振，羽毛蓬乱，食欲减退，第二天可见十几只甚至几十只雏鸡有以上同样症状，且排出白色水样稀粪(图7-10)。

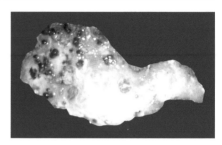

图7-10　白色水样稀粪

(三)剖检病变

典型特征是病初期法氏囊肿大1.5～2倍，表面及周围脂肪组织水肿，有黄色胶冻样渗出物，严重的法氏囊呈"紫葡萄"样(图7-11)；切开后其内黏液较多，有乳酪样渗出物，严重者皱褶有出血点、出血斑或表现弥漫性出血，脱水，胸部大腿肌肉条纹或片状出血(图7-12)。腺胃肌胃交界处有带状出血。肝脏可见带状黄色区。肾肿大，色苍白，花斑样(图7-13)，有尿酸盐沉着。

图7-11　法氏囊出血紫葡萄样，切面皱褶增宽出血

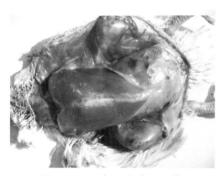

图7-12　腿部肌肉出血斑块

图7-13　花斑样肾脏及出血的法氏囊

(四)防治

1.预防

(1)加强卫生防疫措施，控制强毒污染。

(2)选用合适的疫苗，在法氏囊病发生比较普遍的地区最好不用弱毒疫苗，以中毒疫苗为主，或选用变异株疫苗。如现有疫苗无效，可用

当地病死鸡法氏囊组织作油佐剂灭活苗，针对性强、效果好。

（3）**合理的免疫程序** 应根据1日龄雏鸡琼脂扩散（AGP）母源抗体阳性率制定。按雏鸡总数0.5%抽检，当AGP阳性率≤20%时应立即进行免疫，为40%时在10日龄和28日龄各免疫一次，60%～80%时17日龄首免，AGP阳性率≥80%时应在10日龄再次监测。AGP阳性率小于50%应于14日龄首免，大于50%在24日龄首免。如无监测条件，若种母鸡未接种过法氏囊灭活苗且估计母源抗体较低时，可于1日龄首免，18日龄二免；若种母鸡接种过法氏囊灭活苗且估计母源抗体较高时，可在18～20日龄首免，30～35日龄二免。也可首免后每隔1周加强免疫一次，共2～3次。种母鸡开产前应用油佐剂灭活苗加强免疫，使子代获得水平高的均一的抗体，能有效防止雏鸡早期感染，也有利于鸡群免疫程序的制定和实施。

（4）**对于病鸡舍，空舍后要进行严格的清理和消毒** 具体方法为"清、洗、烧、消"。

清：即清理和清扫，空舍后及时清理鸡笼上和粪盘里残留的粪便、饲料，然后用一般消毒液喷洒整个鸡舍、笼具、墙壁、窗户及顶棚等，以表面潮湿为度，最后进行彻底的清扫。注意将以上粪便、残留的饲料和清扫出的垃圾，进行覆盖发酵或深埋等无害化处理。

洗：用预防量的消毒液（对笼具有腐蚀作用的除外）对整个鸡舍进行彻底的冲刷清洗。笼具和粪盘应在专用的清洗池中进行浸泡而后清洗。

烧：待笼具、粪盘、鸡舍墙壁等晾干后，用煤气或酒精喷灯，进行全面的火焰烧灼，但应注意防火，不得使被烧灼的物体变形或损毁。

消：用过氧乙酸或高锰酸钾与福尔马林溶液等对鸡舍、笼具、粪盘、饮水器、底网及其他用具等进行熏蒸消毒。

2.**治疗** 由于该病毒对一般消毒液的抵抗力较强，所以对症和对因治疗同样重要。

（1）消毒，选用碘制剂消毒液对病鸡舍环境喷雾消毒，每天1次，共7天，然后每周2次。

（2）用法氏囊蛋黄抗体注射液（图7-14），

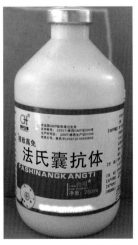

图7-14 法氏囊抗体

每只鸡1～2毫升，肌内注射一次，或用高免血清每只鸡0.5毫升，肌内注射一次。

（3）用肾肿解毒药按说明自由饮水7天。

三、高致病性禽流感（H5亚型）

（一）流行特点

禽流行性感冒是由正黏病毒科A型流感病毒属的成员引起禽类的一种急性高度接触性传染病。禽中鸡和火鸡有高度的易感性，其次是珠鸡、野鸡、孔雀、鸽不常见，鸭和鹅不易感染。可通过消化道，也可以由呼吸道、皮肤损害和结膜感染，吸血昆虫也可传播病毒。病鸡和病死鸡的尸体是主要传染源，被污染的禽舍、场地、用具、饮水等也能成为传染源。病鸡卵内可带毒，雏鸡孵化出壳后即死亡，患病鸡在潜伏期即可排毒，死亡率50%～100%。

（二）临床症状

各种日龄的鸡都可发病，但易感性不同，最易感的是产蛋鸡群，其次为育成鸡，最后为雏鸡。发病早期看不到鸡群的任何变化（采食、粪便、精神、蛋壳、产蛋率都正常），表现为突然出现死亡，死亡快，死亡的数量迅速增加（图7-15）。死亡鸡可见肿脸肿头，冠和肉髯发紫，脚鳞片紫红色出血等现象（图7-16）。发病中后期大群鸡精神不振，死亡率极高，一般7天死亡率可达80%以上。如发病后误用新城疫冻干疫苗，鸡群的死亡将更快，死亡率更高。

图7-15　突然大量死亡

图7-16　脚部和趾部鳞片下出血

（三）剖检病变

解剖可见气管充血、出血甚至有黄白色坏死灶（图7-17）。腺胃乳头化脓性出血（图7-18），肌胃内膜有出血斑。脂肪（图7-19）、肌肉点状出血。卵泡变形、破裂，腹腔内有新鲜的蛋黄液，输卵管内有白色分泌物。

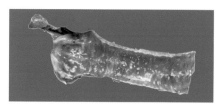

图7-17　喉头气管出血坏死

病程稍长的病死鸡，可见心肌内膜条状出血（图7-20），个别胰腺边缘呈现透明样坏死（图7-21）。

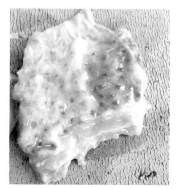

图7-18　腺胃乳头脓性分泌物及乳头出血

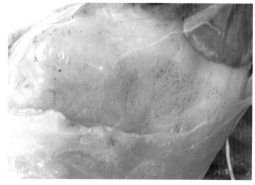

图7-19　腹部脂肪点状出血

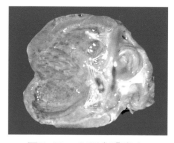

图7-20　心肌内膜出血

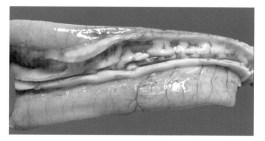

图7-21　胰脏边缘透明样坏死

（四）预防

1.严格防控　禽流感病毒存在许多亚型，彼此之间缺乏明显的交叉

图7-22　高致病禽流感疫苗

保护作用，抗原性又极易变异，同一血清型的不同毒株，往往毒力也有很大的差异，这给防制该病带来了很大的困难。因此，我们必须时刻提高警惕，不从发病地区引种和带入禽产品，加强检疫、隔离、消毒工作，对疫情严加监视。

发现可疑疫情时应迅速报告有关主管部门，尽快确诊，确诊为高致病性禽流感时，应在上级部门的指导下，尽快划定疫区，及时采取果断有力的扑灭措施，将疫情控制在最小范围内。

2.疫苗接种　我国已经成功研制出用于预防H5N1高致病性禽流感的疫苗（图7-22）。非疫区的养殖场应该及时接种疫苗，从而达到防止禽流感发生的目的。

3.高致病性禽流感推荐免疫方案　一旦发生疫情，则必须对疫区周围5千米范围内的所有易感禽类实施疫苗紧急免疫接种。同时，在疫区周围应建立免疫隔离带。疫苗接种只用于尚未感染高致病性禽流感病毒的健康禽群，种禽群和商品蛋禽群一般应进行2次以上免疫接种。免疫接种疫苗时，必须在兽医人员的指导下进行。

4. 2009年农业部高致病性禽流感的免疫接种参考程序　种鸡、蛋鸡免疫：雏鸡7～14日龄时，用H5N1亚型禽流感灭活疫苗或禽流感—新城疫重组二联活疫苗（rL-H5）进行初免。在3～4周后可再进行一次加强免疫。开产前再用H5N1亚型禽流感灭活疫苗进行强化免疫，以后根据免疫抗体检测结果，每隔4～6个月用H5N1亚型禽流感灭活苗免疫一次。

四、鸡传染性喉气管炎

(一) 流行特点

鸡传染性喉气管炎是由鸡传染性喉气管炎病毒引起鸡的一种急性呼吸道传染病。鸡是主要宿主，不同品种、性别、日龄的鸡均可感染该病。以育成鸡和成年产蛋鸡多发，并且多出现特征性症状。该病一年四季均可发生，多流行于秋、冬和春季。传染源是病鸡和病愈后的带毒鸡，主要通过呼吸道传染而引起传播。

（二）临床症状

该病可感染所有年龄的鸡，一般认为自然情况下雏鸡不易感染发病，14周龄以上的鸡最易感。临床突出的症状是咳嗽、喷嚏、张嘴喘息，有呼吸啰音。严重的病鸡呼吸极度困难，表现为伸颈张口呼吸，同时发出喘鸣音，在频繁咳嗽的同时咳出带血的黏液，悬挂于笼具上。

（三）剖检病变

病变主要在喉和气管。早期的气管腔有大量黏液，喉和气管黏膜有针尖状小出血点，气管有血丝或血凝块（图7-23），后期黏膜变性坏死，出现糜烂灶，并有黄白色豆腐渣样栓子阻塞喉头和气管。

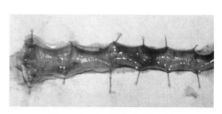

图7-23　气管内有凝血块

（四）防治

1.预防

（1）由于该病的传染源主要是携带该病毒的鸡，所以未发病的鸡场，严禁引入来历不明的鸡或患病康复的鸡。平时应加强鸡舍及用具的消毒。

（2）一般在该病流行的地区或受威胁区进行接种。大多在4～7周龄首免，10～14周龄加强免疫。采用点眼或饮水的方法，不得使用喷雾方法。应注意的是免疫接种后3～4天鸡只可发生轻度的眼结膜反应或表现轻微的呼吸器官症状，此时可内服抗菌药物（如氨苄青霉素、阿莫西林或红霉素等），以防继发细菌感染。

2.治疗　该病无有效的治疗药物。发生该病后，可用消毒剂每天进行1～2次消毒，以杀死鸡舍中的病毒。同时辅以阿米卡星、红霉素、庆大霉素等药物治疗，防止继发细菌感染。

五、鸡马立克氏病

（一）流行特点

鸡马立克氏病是由马立克氏病病毒引起鸡的淋巴细胞增生性传染

病。鸡是马克氏病最重要的宿主，一般感染日龄越早，发病率越高，但发病率和死亡率差异较大，发病率为5%～80%，死亡率和淘汰率为10%～80%。病鸡和隐性感染鸡是主要传染源，呼吸道是病毒进入体内的最重要途径，该病通过垂直传播的可能性极小。

（二）临床症状

感染鸡多在两个月开始表现出临床症状，3个月后最明显。神经型的由于坐骨神经受到侵害，临床表现为一肢或两肢发生完全或不完全麻痹；特征是病鸡一只脚向前伸，另一只脚向后伸，呈"劈叉"姿势（图7-24）。内脏型的，临床主要表现为食欲减退、进行性消瘦、贫血及绿色下痢。

图7-24 神经型马立克病腿劈叉状

（三）剖检病变

常见坐骨神经横纹消失，呈灰白色或黄白色水肿，有时呈局限性或弥漫性肿大，为正常的2～3倍；肿胀往往是单侧的，可与另一侧神经对照检查。临床常见症状是病死鸡极度消瘦，解剖肝脏（图7-25）、脾脏、心脏（图7-26）、肾脏（图7-27）、卵巢（图7-28）等脏器，除见有大小不等的灰白色结节状肿瘤病灶，腺胃壁增厚，腺体间或腺内有大小不等的突出于表面的肿瘤，病重的往往可见有腺胃黏膜及乳头出血、融合，甚至形成溃疡（图7-29、图7-30）。

图7-25 肝脏肿瘤

图7-26 心肌肿瘤

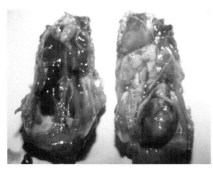

图7-27　后肾肿瘤

图7-28　卵巢肿瘤呈菜花样

图7-29　腺胃壁增厚乳头融合出血

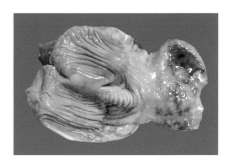

图7-30　腺胃肿胀出血溃疡

（四）防治

1.卫生防疫措施

（1）**孵化室的消毒**　在孵化前1周，应对孵化器及附件进行消毒，首先用清水洗净孵化器内部及附件，待晾干后，用福尔马林、高锰酸钾进行熏蒸消毒，每立方米用高锰酸钾7克，福尔马林14毫升，水7毫升，熏蒸时将福尔马林及水先倒入一个陶瓷容器中，然后迅速倒入高锰酸钾，关闭孵化器的门密闭熏蒸10小时以上。

（2）**种蛋的消毒**　种蛋入库后，及时用福尔马林、水、高锰酸钾按以上方法熏蒸0.5小时。

（3）**初生雏鸡的消毒**　孵化后期将种蛋从孵化器转入出雏器后，用甲醛每立方米7毫升、高锰酸钾3.5克、水3.5毫升按以上方法熏蒸消毒30分钟。

（4）**育雏期的预防措施**　雏舍及笼具在进雏前的1周，进行彻底的卫生清扫和残留粪便的清理，然后用一般的消毒液(尽量选择对笼具无腐蚀作用的消毒液)进行清洗，晾干后常规消毒。育雏期间定期进行雏舍的环境消毒，饮水器应每天清洗一次；雏舍地面要经常清扫，每周用2%的火碱喷洒消毒一次。

2.疫苗预防 由于1~30日龄雏鸡最容易感染马立克氏病毒，所以疫苗的接种必须在1日龄进行。

六、禽流感（H9亚型）

（一）流行特点

H9N2亚型禽流感，人们根据其临床病症等特点，又称温和型禽流感。也是由A型正黏病毒引起的一种病毒性传染病。传播途径主要是易感鸡和带毒排泄物接触传播，鸟与鸟、群与群的接触传播，以呼吸道及口、鼻途径进入为主。可经被污染的饲料、设备、工具、物品间接传播，还可经野鸟、野鼠、苍蝇、节肢动物的机械携带间接传播。

（二）临床症状

多发生于200~400日龄产蛋鸡。鸡群出现明显的呼吸道症状，呼噜、咳嗽、伸颈喘和尖叫。大群鸡精神沉郁，拉黄绿色水样粪，采食量下降10%~60%，产蛋下降10%~70%，经1周左右精神正常，但产蛋恢复极慢，并且出现大量破蛋、软蛋和畸形蛋(图7-31)。死淘率一般在10%，少数鸡出现肿脸肿头，冠和肉髯发紫等现象(图7-32)。

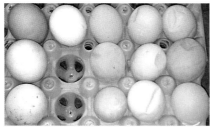

图7-31 病鸡产蛋量下降，褪色蛋、软壳蛋增多

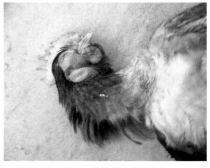

图7-32 头肿胀冠呈紫色

(三)剖检病变

气管充血、出血，腺胃乳头化脓性出血(图7-33)，卵泡变形、破裂，输卵管内有白色分泌物(图7-34)。

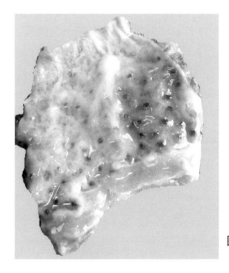

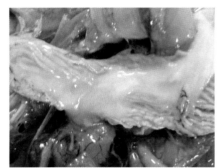

图7-34　输卵管脓性分泌物

图7-33　腺胃乳头脓性出血

(四)预防

1.**注重生物安全体系的建立**　①避免水禽与鸡混养，因为我国禽流感(高致病性)有由鹅、鸭向鸡过渡的特殊情况。水禽带毒，排毒污染水源及周围环境情况较严重。②加强兽医卫生管理，加强养鸡场内外环境的隔离与消毒工作。③减少人员流动，对进出车辆、物品、饲料的通路，设置缓冲带，配备专用工具。④严防家禽流通市场对本场的污染。⑤有防鸟、鼠的设施或措施。⑥废弃物尤其是粪便的管理，要采取发酵等措施进行处理。⑦提高管理人员素质，加强培训，提高其预防疾病的意识。

2.**疫苗接种**　推荐免疫程序，第一次免疫在7～12日龄，第二次免疫在18～20周龄。开产后根据鸡只血清抗体的情况进行免疫，注意血清抗体最好控制在6log2以上。

该病无有效的治疗方法，在对症治疗的同时，注意同时用抗菌素控制细菌继发感染。

七、禽白血病

(一) 流行特点

禽白血病是由禽白血病/肉瘤病毒群中的病毒引起的禽类多种肿瘤性疾病的总称，其中以淋巴细胞白血病最为多发，其他的如骨髓细胞瘤病、血管瘤等，据报道，近年在我国多有发生。鸡是该病的自然宿主，常见于4～10月龄的鸡，年龄愈小，易感性愈高，一般母鸡对病毒的易感性高于公鸡，不同品种或品系的鸡对病毒的抵抗力差异很大。该病外源性传播方式有两种：通过母鸡到子代的垂直传播和通过直接接触从鸡到鸡的水平传播。垂直传播在流行病学上十分重要，因为它使感染从一代传到下一代，大多数鸡通过与先天感染鸡的密切接触而感染。

(二) 临床症状

淋巴细胞性白血病的病鸡，日渐消瘦(图7-35)，冠髯苍白，精神沉郁，食欲减退，产蛋停止。浓绿色、黄白色下痢便。腹部膨大，走如企鹅。患血管瘤的鸡群，主要表现为出血和贫血，精神沉郁，食欲减退等，以散发为主。趾部的血管瘤容易发现，呈绿豆或黄豆大小的血管瘤(图7-36)，暗红色，自行破裂后出血不止到死亡(图7-37)。

图7-35 病鸡日渐消瘦

图7-36 脚趾部血管瘤

图7-37 血液从破裂的血管瘤中喷涌而出

患J-亚型白血病的鸡群，除表现精神食欲差，体况较弱外，常在开产后（18～22周龄）鸡群死亡率开始不断升高。

(三) 剖检病变

淋巴细胞性白血病的病鸡：肝、脾等脏器肿瘤一般见于染病4个月以后，肿瘤的大小和数量差异很大。其他器官如肾、肺、性腺、心脏也常见肿瘤。

患J-亚型白血病死亡的鸡，肝、脾肿大，肿瘤结节多表现为弥漫性的细小的白色结节（图7-38、图7-39）；胸骨内侧有数量不等的白色肿瘤结节（图7-40）；法氏囊皱褶肿大、坚实，有凹凸不平的白色肿块，切开时中心坏死，内有豆腐渣样物。肠浆膜面偶见串珠状白色结节（图7-41）。

图7-38 肝肿大弥漫性肿瘤结节及出血灶

图7-39 脾脏弥漫性肿瘤

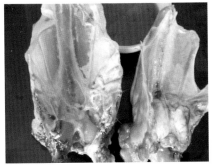

图7-40 胸骨内表面肿瘤（右），正常
胸骨内侧（左）

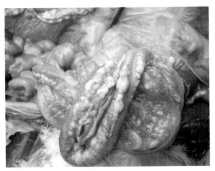

图7-41 肠浆膜面串珠状白色结节

(四)防治

1.预防 关键在于减少种鸡群的感染率和建立无白血病的种鸡群，进而达到净化鸡群的目的。目前，进行鸡群净化的通常做法是通过检测和淘汰带毒母鸡减少感染，在多数情况下，应用此方法可奏效。因为刚出雏的小鸡对接触感染最敏感，每批之间孵化器、出雏器、育雏室应彻底清扫消毒，有助于减少感染。

2.治疗 针对已经发病的鸡群，饮水中可增加抗菌药和抗病毒提高免疫力的药物，以防止继发感染，加入大量电解多维、维生素C以增强鸡只的体质。另外，还可以添加保肝护肾的药物，用于缓解肝脏和肾脏的负担。

八、鸡大肠杆菌病

(一)流行特点

鸡大肠杆菌病是由致病性大肠杆菌引起的一种原发或继发性传染病。青年鸡以出现急性败血症多见，产蛋鸡以卵黄性腹膜炎、输卵管炎居多。大肠杆菌在自然界广泛存在，特别是在畜禽肠道中大量存在，有多个致病性血清型。病鸡和带菌鸡是主要传染源，传播途径主要有垂直传播即经卵传播，经卵传播有卵内感染和卵外感染两种方式。

(二)临床症状

6～10周龄蛋鸡和肉种鸡的急性败血型，以冬季寒冷季节多发，临床常见有呼吸器症状即张嘴呼吸，但无颜面浮肿和流鼻汁症状；有的精神沉郁，嗜睡，厌食，排黄、白稀粪，消瘦。患病的产蛋鸡临床主要表现为精神沉郁、眼凹陷，食欲减少或废绝，腹泻，肛门周围的羽毛粘有黄白色恶臭的排泄物。

(三)剖检病变

急性败血性病死鸡往往营养良好，有时无明显解剖病变。纤维素性心包炎和肝周炎为特征性病变，即心包膜混浊增厚，心包液内有纤维素性渗出(图7-42)，液体逐渐减少，最后心包膜与心脏粘连不易分离。肝包膜炎，肿大，包膜肥厚、混浊、纤维素沉着(图7-43)。产蛋鸡腹腔内有纤维素性渗出物。剖检可见腹腔积有大量卵黄凝固物，形成广泛的腹膜炎(图7-44)，造成脏器和肠管互相粘连，散发出恶臭气味。卵泡出血、变形、萎缩(图7-45)；输卵管内有多量黄色絮状或块状物。

图7-42　纤维素性心包炎

图7-43　肝脏表面黄色纤维素性渗出物

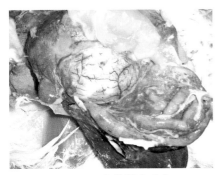

图7-44　卵黄性腹膜炎

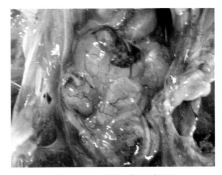

图7-45　卵泡出血变形

(四)防治

1.预防

（1）**切断传染源**　做好种蛋、孵化器的消毒工作，防止种蛋带菌传播。鼠粪是致病性大肠杆菌的主要来源，应经常注意灭鼠。有条件的单位或个人应对饲料原料尤其是鱼粉进行大肠杆菌的定量分析，防止饲料致病菌超标而引起感染。

（2）**接种疫苗**　目前，市场上有大肠杆菌灭活疫苗销售，但效果不好，主要原因是市售疫苗中大肠杆菌的血清型和发病场大肠杆菌血清型不符或含量不足。有条件的鸡场，可以用本场或本地分离的大肠杆菌做成灭活疫苗，进行免疫接种。

2.治疗　①诺氟沙星按0.02%～0.04%的比例拌入饲料中，或在饮水中加入0.01%～0.02%，连续喂7天。②土霉素，按0.2%的比例拌入饲料中喂服，连喂3～4天。③卡那霉素，肌内注射，每千克体重30～40毫克，每天1次，连用3天。④链霉素注射液，肌内注射，每千克体重7.5万单位，每天1次，连用3天。⑤庆大霉素，饮水，每只2 000～4 000单位，每天2次，1小时内饮完，病重的用滴管灌服，疗程7天。

九、传染性支气管炎

(一) 流行特点

鸡传染性支气管炎是由冠状病毒科鸡传染性支气管炎病毒引起的鸡急性、高度接触性的呼吸道和泌尿生殖道疾病。鸡是传染性支气管炎病毒的自然宿主，各种龄期的鸡均易感，其中以雏鸡和产蛋鸡发病较多，肾型传染性支气管炎多发生于20～50日龄的幼鸡。该病一年四季均流行，但以冬春寒冷季节最严重。感染后的病鸡主要通过呼吸道和泄殖腔等途径向外界排毒，成为该病主要的传染源。而受污染的飞沫、尘埃、饮水、饲料、垫料等则是最常见的传播媒介。

(二) 临床症状

肾型传染性支气管炎，可发生于各日龄的鸡，但以雏鸡常见。病初少数鸡精神不振，随着病情的发展，相当数量的鸡食欲下降，饮水增加；肛门周围有白色粪便粘染；羽毛干燥无光泽。由于该病常和呼吸性传染性支气管炎并发，所以临床在出现以上症状的同时，部分鸡还表现有咳嗽、呼吸困难等症状。

呼吸型传染性支气管炎，主要侵害1月龄以内的雏鸡。鸡群中突然出现有呼吸道症状的病鸡，并迅速传遍全群。病鸡主要表现张嘴呼吸、伸颈、打喷嚏、气管啰音偶有特殊的怪叫声，在夜间听得更明显。

(三) 剖检病变

肾型传染性支气管炎主要表现为肾脏肿大，色淡、呈槟榔样 (图7-46)，输尿管常被白色尿酸盐阻塞。

图7-46　花斑样肾脏

呼吸型传染性支气管炎病死鸡，可见气管黏膜充血水肿，尤其在气管的下 1 / 3，管内有多量透明的黏液；有时可见气管与支气管交接处有黄色干酪样阻塞物。病程稍长的病鸡还表现气囊混浊，肺脏淤血。

(四) 防治

1.预防

(1) 严禁从污染区购买雏鸡。加强雏舍的管理，防止鸡只受寒，降低饲料中粗蛋白质含量，注意通风。

(2) 免疫接种：①疫苗，我国现行使用的疫苗有弱毒活疫苗 (如 H_{120}、H_{52})，还有与鸡新城疫混合而成的二联弱毒冻干疫苗 (如鸡新城疫Ⅳ系 + 传染性支气管炎的 H_{120}、鸡新城疫Ⅳ系 + 传染性支气管炎的 H_{52})，和油剂灭活疫苗。值得注意的是，H_{120} 适用于初生雏鸡，因其免疫原性较弱，免疫期短。H_{52} 毒力强，适用于1月龄以上的鸡。②应根据当地的疫病流行情况制定相应的免疫程序，但原则上一般在4 ~ 10日龄用 H_{120} 滴鼻首免，25 ~ 30日龄用 H_{52} 滴鼻加强免疫，蛋鸡同时使用一次油乳剂灭活疫苗注射，以后每2个月免疫一次冻干疫苗。蛋鸡在120天左右再免疫一次油乳剂灭活疫苗。

由于使用弱毒冻干疫苗对鸡新城疫疫苗的免疫有干扰，所以鸡新城疫免疫和传染性支气管炎免疫至少要间隔10天。

2.治疗

该病目前还没有有效的治疗药物。对于呼吸型传染性支气管炎除对症治疗外，还应添加抗生素，以预防继发细菌感染减少死亡；对于肾型传染性支气管炎，应配合使用肾肿解毒药。

十、鸡球虫病

（一）流行特点

鸡球虫病是由艾美耳属的9种球虫寄生于鸡的肠道黏膜上皮细胞内引起的一种急性流行性原虫病。该病在湿热多雨的夏季多发，主要发生于3个月以内的幼鸡。其中，以2～7周龄鸡最易感，10日龄以内雏鸡少发，1月龄左右鸡多患盲肠球虫，2月龄以上鸡多患小肠球虫。鸡主要是因为吃了感染性卵囊而感染球虫。卵囊随粪便排出，污染的饲料、饮水、土壤、运输工具、饲养人员、昆虫等都可成为该病传播流行的媒介，病鸡、康复鸡因可不断排出卵囊成为该病传播的重要传染源。

（二）临床症状

图7-47　西红柿样粪便

按病程长短可分为急性型和慢性型。实际生产中急性型易被发现：盲肠球虫主要发生于1月龄左右的散养鸡，由柔嫩艾美耳球虫感染引起，病鸡闭眼、呆立，排出带有血液的稀粪(图7-47)，行动迟缓，常呆立角落呈假睡状，死亡率可达70%。小肠球虫主要由毒害艾美耳球虫感染引起，感染4～5天，鸡突然排出带黏液的血便，其他临床症状与盲肠球虫相同。巨型艾美耳球虫病常见于日龄较大的鸡，严重感染时，黏膜苍白，羽毛粗乱无光泽，厌食。

（三）剖检病变

解剖患盲肠球虫的鸡，可见其两侧盲肠显著肿胀，外观呈暗红色，浆膜面有针尖大到小米粒大的

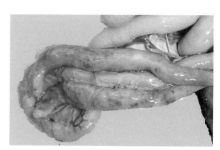

图7-48　两侧盲肠肿胀，肠浆膜有大量出血点

白色斑点或散在的小红点(图7-48)。盲肠腔充满暗红色的血凝块(图7-49)或黄白色干酪样物质,肠壁肥厚,黏膜面糜烂。小肠球虫可见患鸡小肠黏膜上有无数粟粒大的出血点和灰白色坏死灶,小肠大量出血,有大量干酪样物质,小肠变粗。患巨型艾美耳球虫病的鸡,严重感染时,小肠中段肿胀,浆膜面可见到针尖大小的出血点(图7-50)。肠黏膜显著增厚,肠腔内含粉红色黏液。

图7-49 肠管内有大量暗红色血液或血凝块

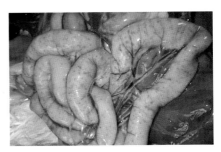

图7-50 小肠球虫肠浆膜出血点

(四) 防治

1.预防 ①保持清洁卫生,加强环境消毒。②严格搞好饲料及饮水卫生管理,防止粪便污染,及时清除粪便,堆放发酵以杀灭卵囊,清洗笼具、饲槽、水具等是预防雏鸡球虫病的关键。圈舍、食具、用具用20%石灰水或30%的草木灰水或百毒杀消毒液(按说明用量兑水)泼洒或喷洒消毒。保持适宜的温湿度和饲养密度。③对于地面平养的鸡尤其是肉鸡,必须用治疗性药物进行预防:即自鸡15日龄起,连续预防用药30～45天,为防止球虫对药物产生抗药性,必须交替使用或联合使用数种抗球虫药。④对于笼养鸡,预防用药也是自鸡15日龄起,连续用药7～10天;开产前1个月同样用药7天。⑤疫苗预防,疫苗防治是解决耐药性和药残问题的有效途径,常发球虫病有特异性的疫苗,最好是多价球虫疫苗。⑥加强营养,尽可能多补充维生素A和维生素K,以增强机体免疫能力,提高抗体水平。

2.治疗 对鸡球虫病的防治主要是依靠药物,经常使用的抗球虫药,有以下几种:①氯苯胍:预防按每千克饲料30～33毫克混饲,连用

1～2个月，治疗按每千克饲料60～66毫克混饲，连用3～7天，后改预防量予以控制。②鸡宝20，每50千克饮水加本品30克，连用5～7天，然后改为每100千克饮水加本品30克，连用1～2周。③10%盐霉素钠。每100千克饲料用5～7克拌料投喂，连用3～5天。④可爱丹：混饲预防浓度为125～150毫克/千克，治疗量加倍。⑤磺胺二甲氧嘧啶。每100千克饲料拌药50克，连用3天，停3天再用3天（预防剂量减半）。⑥青霉素按每千克体重2万～3万单位配合维生素K_3针剂0.2毫克混合肌内注射，每天1次，连用3天。

十一、鸡支原体病

（一）流行特点

鸡支原体病的病原是鸡败血支原体和滑液囊支原体。鸡支原体的自然感染发生于鸡和火鸡，尤以4～8周龄雏鸡最易感。病鸡和隐性感染鸡是该病的传染源，通过飞沫或尘埃经呼吸道吸入而传染。但经蛋传染常是此病代代相传的主要原因，在感染公鸡的精液中，也发现有病原体存在，因此配种也可能发生传染。

该病一年四季均可发生，但以寒冬及早春最严重，一般该病在鸡群中传播较为缓慢，但在新发病的鸡群中传播较快。一般发病率高，死亡率低。

（二）临床症状

鸡发生发败血性支原体时典型的症状为：初期很少见到流鼻液，鼻孔周围附着有饲料，只有挤压鼻孔上部鼻翼时可见鼻汁；鼻汁和污物混合堵塞鼻孔时，因妨碍呼吸，临床可见鸡频频摇头；如若引起鼻甲骨或气管黏膜炎症，黏液量增加致使病鸡呼吸困难，临床表现为张口呼吸、喷嚏、咳嗽和呼吸啰音，注意以上呼吸器官异常音，白天由

图7-51　眼流泪肿胀

于噪音常难分辨，夜间鸡群安定后容易听到；有的病鸡最初眼睛湿润继而流泪，逐渐出现眼睑肿胀，这样随着时间的推移病鸡眶下窦中蓄积物的水分渐渐被吸收呈干酪样，大量干酪物压迫眼球，使上下眼睑黏合凸出成球状（图7-51）。滑液囊支原体可见患鸡跗关节和趾关节肿大、发热，不能站立（图7-52），关节囊内充满灰色脓性渗出物，腿部或翅部的腱鞘发炎肿大（图7-53）。患鸡精神沉郁，生长缓慢，常因饥饿和同群鸡踩踏而死亡。

图7-52　跗关节肿大不能站立

图7-53　跗关节周围滑液囊肿大

（三）剖检病变

切开病鸡肿胀的眼睛，可挤出黄色的干酪物凝块；呼吸器官症状明显的病鸡，特征性的解剖有：胸腹气囊灰色混浊、肥厚"呈白色塑料布样"，有的气囊内有黏稠渗出物或黄白色干酪样物；鼻黏膜水肿、充血、肥厚，窦腔内存有黏液和干酪样渗出物。

（四）防治

1. 预防　支原体是最常见，也是最难根除的，因为该病可以经蛋垂直传播，也可水平传播，可以单独发生，也可以并发或继发于其他的疾病。①引进健康雏鸡时，要选择无支原体污染的种鸡场。②鸡舍和用具在入雏前要按相关规定彻底清洗消毒，以每个鸡舍为一个隔离单位，保持严格的清洁卫生。③以每个鸡舍或一个鸡场为一个隔离单位，采用"全进全出"制度。④从1日龄起，执行周密的用药计划，每逢免疫接种疫苗后3～5天内用金霉素、泰乐菌素、红霉素等药物中的一种，以预防和抑制支原体的发生。

2.治疗

（1）**强力霉素**　0.01%～0.02%混入饲料，连服3～5天。

（2）**红霉素**　0.01%混水饮用，连喂3～5天。

（3）**泰乐菌素**　0.5克/升混水饮用，连喂5～7天。

（4）**恩诺沙星**　每50千克水中加入3～4克饮水，1天2次，连喂5～7天。

（5）**复方禽菌灵散剂**　按0.6%混入饲料，连服2～3天，片剂每千克体重0.6克，日服2次，连服2～3天，预防量减半，每15天1次。

十二、鸡曲霉菌病

（一）流行特点

禽曲霉菌病是由曲霉菌引起的鸡、鸭、鹅、火鸡、鸽等禽类的一种真菌病。主要的病原体为烟曲霉（图7-54）。多见于雏鸡。

曲霉菌的孢子广泛分布于自然界，禽类常因接触发霉饲料和垫料经呼吸道或消化道而感染。各种禽类都有易感性，以幼禽的易感性最高，常为急性和群发性，成年禽为慢性和散发。曲霉菌孢子易穿过蛋

图7-54　烟曲霉菌菌落

壳而引起死胚，或雏鸡出壳后不久出现症状。孵化室严重污染时新生雏可受到感染，几天后大多数出现症状，1个月基本停止死亡。阴暗潮湿的鸡舍和不洁的育雏器及其他用具、梅雨季节、空气污浊等均能使曲霉菌增殖而引起该病发生。

（二）临床症状

雏鸡对烟曲霉菌非常敏感，常呈急性暴发。出壳后的雏鸡在进入被曲霉菌污染的育雏室后48小时，即可开始发病死亡，4～7日龄是发病的

高峰阶段，以后逐渐减少一直持续到1月龄。

病初精神不振、食欲减退、饮水量增加、羽毛蓬乱、对外界反应淡漠，接着病雏出现张口吸气、气管啰音，打喷嚏，很快消瘦，精神委顿、拒食、闭目昏睡，最后窒息死亡。眼睛受感染的雏鸡，可见结膜充血肿胀，眼睑下有干酪样凝块。

(三) 剖检病变

急性死亡的幼雏，一般看不到明显病变。时间稍长的病例，特征性病变在肺、胸腔、气囊等脏器，有灰白色或黄白色粟粒大至黄豆大的结节(图7-55)，有的结节呈绿色圆盘状。

图7-55　气囊黄色结节

(四) 防治

1.预防　该病的关键是不使用发霉的垫料和饲料，垫料要经常翻晒，妥善保存，尤其是阴雨季节，以防霉菌生长繁殖。种蛋、孵化器及孵化厅均按卫生要求进行严格消毒。

育雏室应注意通风换气和卫生消毒，保持室内干燥、清洁。长期被烟曲霉污染的育雏室，土壤、尘埃中含有大量孢子，雏禽进入之前应彻底清扫、换土和消毒。

2.治疗　①制霉菌素：100只鸡一次用50万单位，每天2次，连用2天。②克霉唑：内服千克体重20毫克计算，每天3次，连用5～7天。③1：2000至1：3000硫酸铜溶液或0.5%～1%碘化钾溶液饮水连用3～5天。

十三、鸡坏死性肠炎

(一) 流行特点

鸡坏死性肠炎是由魏氏梭菌引起的一种传染病。鸡对该病易感，尤以1～4月龄的蛋雏鸡、3～6周龄的肉仔鸡多发。该病的病原菌广泛地存在于自然环境中，主要在粪便、土壤、灰尘、被污染的饲料和垫料以及肠道内容物中。传播途径以消化道为主。一般多为散发。

(二) 临床症状

多发生于 2 ～ 5 周龄平养的雏鸡，病鸡精神委顿，食欲减退或消失，羽毛蓬乱，腹泻，粪便呈黑褐色，混有血液。

(三) 剖检病变

病变主要在小肠，尤其是空肠和回肠，肠管肿胀呈灰黑色或污黑绿色(图7-56)，肠壁菲薄，肠黏膜脱落(图7-57)，形成假膜，肠内容物呈血样乃至煤焦油样，充满气体；肝、脾肿大出血，有的肝表面散在着灰黄色坏死灶。

图7-56　小肠充气，肠浆膜呈灰蓝色　　　　图7-57　肠壁菲薄黏膜脱落

(四) 防治

1.**预防**　加强鸡群的饲养管理，不喂发霉变质的饲料；搞好鸡舍的清洁卫生和消毒工作；对地面平养的鸡群搞好球虫病的预防。

2.**治疗**　青霉素G雏鸡饮水，每天每只2 000单位，1 ～ 2小时饮完，连用4 ～ 5天。

陈国宏，等．2004．中国禽类遗传资源．上海：上海科学技术出版社．

陈继兰，等．2009．图说高效养蛋鸡关键技术．北京：金盾出版社．

豆卫，等．2003．禽类生产．第2版．北京：中国农业出版社．

樊航奇，等．2000．蛋鸡饲养技术手册．北京：中国农业出版社．

林伟，等．2009．蛋鸡高效健康养殖关键技术．北京：化学工业出版社．

林勇，等．2009．图文精讲蛋鸡饲养技术．南京江苏：科学技术出版社．

史延平，等．2009．家禽生产技术．北京：化学工业出版社．

张军民，等．2009．畜牧饲养工厂化模式与经营．北京：科学普及出版社．

中国畜牧业协会禽业分会．2004．养鸡技术．北京：中国畜牧业协会禽业分会．

图书在版编目（CIP）数据

图说如何安全高效饲养蛋鸡/李沁主编. —北京：中国农业出版社，2015.1（2017.3重印）

（高效饲养新技术彩色图说系列）

ISBN 978-7-109-19923-1

Ⅰ. ①图… Ⅱ. ①李… Ⅲ. ①卵用鸡-饲养管理-图解 Ⅳ. ①S831.4-64

中国版本图书馆CIP数据核字（2014）第294920号

中国农业出版社出版

（北京市朝阳区麦子店街18号楼）

（邮政编码100125）

责任编辑 郭永立

中国农业出版社印刷厂印刷 新华书店北京发行所发行

2015年6月第1版 2017年3月北京第2次印刷

开本：889mm×1194mm 1/32 印张：5

字数：150千字

定价：38.00 元

（凡本版图书出现印刷、装订错误，请向出版社发行部调换）